U0022870

金庸商管學武俠商道（二）成道篇

JINYONG BUSINESS ADMINISTRATION

JBA II

Śūnyatā

書名：金庸商管學——武俠商道（二）成道篇
Jinyong Business Administration(JBA) II
系列：心一堂　金庸學研究叢書　金庸商管學
作者：歐懷琳
執行編輯：心一堂金庸學研究叢書編輯室
封面設計：陳劍聰

出版：心一堂有限公司
通訊地址：香港九龍旺角彌敦道610號荷李活商業中心十八樓05-06室
深港讀者服務中心：中國深圳市羅湖區立新路六號羅湖商業大厦負一層008室
電話號碼：(852) 67150840
網址：publish.sunyata.cc
電郵：sunyatabook@gmail.com
網店：http://book.sunyata.cc
淘宝店地址：https://shop210782774.taobao.com
微店地址：https://weidian.com/s/1212826297
臉書：https://www.facebook.com/sunyatabook
讀者論壇：http://bbs.sunyata.cc

香港發行：香港聯合書刊物流有限公司
香港新界大埔汀麗路36號中華商務印刷大廈3樓
電話號碼：(852)2150-2100　傳真號碼：(852)2407-3062
電郵：info@suplogistics.com.hk

台灣發行：秀威資訊科技股份有限公司
地址：台灣台北市內湖區瑞光路七十六巷六十五號一樓
電話號碼：+886-2-2796-3638　傳真號碼：+886-2-2796-1377
網絡書店：www.bodbooks.com.tw
台灣秀威書店讀者服務中心：
地址：台灣台北市中山區松江路二〇九號1樓
電話號碼：+886-2-2518-0207
傳真號碼：+886-2-2518-0778
網址：www.govbooks.com.tw

中國大陸發行 零售：深圳心一堂文化傳播有限公司
地址：深圳市羅湖區立新路六號羅湖商業大厦負一層008室
電話號碼：(86)0755-82224934

版次：二零一九年二月初版

平裝

定價：港幣　九十八元正
　　　新台幣　三百九十八元正

國際書號　978-988-8582-42-6

心一堂微店二維碼

心一堂淘寶店二維碼

悼金庸先生

金庸大俠的武俠小說撐起幾代人的共同回憶，而今，大俠本人也成為我們的回憶。在華人世界的成年人中，很難找到壹個完全不知道金庸作品的人。當然，他可能看的是電視劇，或者是玩在小說基礎上改編成的遊戲。

我接觸金大俠的小說，應該是初中，彼時沒有錢買金大俠的書，看書主要靠圖書館借。學校的圖書館，大俠的書經常會被借到斷貨，於是又從家裏附近的公共圖書館借。如果公共圖書館也斷貨，那我就只能忍著書癮度日如年。就這樣東拼西湊，時斷時續看完老先生全部武俠小說。

然後，然後我就放下我心愛的武俠小說，專心會考。

直到有壹天，需要寫點商業管理上的案例分析，我才又想起這座「金」礦。那時我才突然發現，發端於香港的武俠世界早已成為全球華人的精神桃源。金庸用他的書，給我們構建了壹個想象的而又真實的武俠體系。在這個想像的江湖裏，有悲歡離合，也有家國情仇，有文化，有生活，有政治，有經濟還有歷史。

可以說金庸武俠是壹部部微縮版的中國百科全書，隨便抽壹點出來，都是渾然天成的絕佳案例，於是後來有了我這套書。

感謝金庸的武俠小說，他的書給了我提供了很多表達懷疑論的空間和樂趣。如今大俠走了，只能賦詩壹首略表哀思。

詩曰：

健筆淩雲鑄俠魂，艱難絕境險生存。

萬千文字成經典，十四奇書定至尊。

指點報端三劍客，激爭核褲五刊噴。

於今駕鶴先生去，獨霸江湖只有溫。

希望在天堂，大俠能和古龍，梁羽生等人再創壹個新的武俠巔峰。

歐懷琳

二零一八年十月三十一日

目錄

第三部分　丐幫啟示錄　129

序《金庸商管學——武俠商道》

與許多朋友一樣，金庸的武俠小說是我學生時代最熱衷的讀物之一，而以愛不釋手的程度來論，則沒有之一。金庸先生的諸多經典風行數十年，創造了華語寫作的一個個奇跡，但更彰顯其影響力的是他筆下的中國武俠江湖和塑造的眾多人物的深入人心。就拿在下來說，郭靖和黃蓉就深深影響了自己的做人和擇偶。雖然沒有幹出什麼驕傲的事業，卻為自己憨厚的個性和不合時宜找到了堅持的理由。而老婆的高智商也深深影響到下一代，在讓我心甘情願俯首稱臣之餘，也為之告慰。

與本書作者懷琳兄一樣，我還是一個深愛經濟學和管理學並將其視為終身事業的人。這兩大學科歸根結底都離不開研究人的決策和行為，而這些學問不知引誘了多少青年才俊為之孜孜以求卻難有斬獲。

王國維先生將學術分為三大類：「曰科學也，史學也，文學也」，這眼光有些類似汪丁丁先生談到的三種敘事方式（邏輯敘事、歷史敘事、美感敘事）。所以當第一次看歐懷琳君關於金庸學的文字時，簡直驚為天人——這三種學問、三種敘事方式竟然可以如此神奇的結合在一起！今天，更為感歎的是，由於懷琳君的勤奮與堅持，成就了本書如此的體系和規模。

按照米塞斯的說法，經濟學的認識論基礎是先驗的。無論古今中外，人的行為在本質上有內在一致性，因為人性中最根本的內核是穩定的。金庸筆下那些武林紛爭無論再怎麼步步驚心、血雨腥風，但其本質上還是脫不開曠古不變的人性。無論是丐幫，還是紅花會，都不外乎契約、組織和「集體行動的邏輯」。

管理學大概是最注重案例教學的學科，而國內案例還相對薄弱，所以，以解讀金庸小說來分析、傳播商務與管理學中的理論，在驚心動魄和別開生面的武俠情境中演繹經濟和管理理論，用深入人心的主人公來詮釋重要學術定義和原理，可以看做是對案例教學的一個極具創建的發明。

中國仍然處在被林毓生先生稱之為「中國傳統的創造性轉化」的重要階段，而我們也依然是南懷瑾先生所說的「亦新亦舊的一代」。即使是在形式上，懷琳兄這部《金庸商管學——武俠商道》，從篇首的楔子、詩曰，到文末標準的學術著作才有的規範的注解，也是一個傳統與現代相融合的非典型文本。

這讓我想起王國維在《國學叢刊序》中提到的卓絕見識：「余正告天下曰：學無新舊也，無中西也，無有用無用也。」

本書從武林江湖參透管理玄機，而結緣懷琳兄本身得益於網路江湖的興起——十多年前，我們曾欣喜的發現對方是自己混跡的一個文學論壇和一個經濟論壇里的兩個圈子裡唯一的交集。辛甚至哉，我們的時代，我們的江湖。

是為序。

本力

二零一三年二月

編按：

本力，經濟學者，中國經濟學教育科研網主編。

中國經濟學教育科研網（http://www.cenet.org.cn/），由北京大學中國經濟研究中心副主任海聞教授創辦於一九九八年八月，是中國經濟學年會官方網站。中國經濟學年會理事單位包括：

北京大學國家發展研究院
復旦大學經濟學院
西北大學經管學院
中國人民大學經濟學院
武漢大學經濟與管理學院
南京大學經濟學院
南開大學經濟學院
香港大學經濟與金融學院
廈門大學經濟學院
上海財經大學經濟學院

浙江大學經濟學院
山東大學經濟學院
重慶大學經濟與工商管理學院
西南財經大學經濟學院

潘序

著名學者、教育家吳宏一教授總結過去數十年讀者對金庸小說的討論，將眾多研究者粗略分為「點評派」、「詳析派」和「考證派」三大流派。①

潘國森為了壯大我們「金庸學考證派」的聲勢，「金庸版本學」大宗師王怡仁醫師和「金庸商管學」創始人歐懷琳詩人兩位，都「被加入」了「金庸學考證派」的大家庭。

歐懷琳詩人是「金庸商管學」（Jinyong Business Administration, JBA）的開創者、奠基人，自二零零八年起始對「金庸商管學」進行系統研究，他創立的《金庸商管學——武俠商道》系列既要成為大學文學院金庸學研究的部定參考讀物，還應該納入商學院管理學教研必備的「個案研究」教科書目。

除了從商管學角度分析研判金庸小說入面各大門派的管治水平之外，歐詩人在每一章都例配有一首七律，以詩作產量而言，已賽過了「小查詩人」查良鏞了。

「金庸商管學」史無前例地為讀者解答了各門各派大俠是靠甚麼維生，這個困擾了一代又一代武俠小說迷的大問題。歐詩人行文風趣幽默、措詞常有取材自小說中的人物情節對白，這還得要讀者將金庸小說讀得熟，才能夠隨時見到這如珠妙語的出處來歷。

正如作者所言，《金庸商管學——武俠商道》的〈基礎篇〉和〈成道篇〉都可以獨立成篇，不必按甚麼次序去讀，也可以確保不會因為「次序顛倒」或跳過某些章節而練到「走火入魔」。在此可以順便打一打廣告，《金庸商管學——武俠商道》第三冊，真的是〈入魔篇〉，但此入魔不同很入魔，練武功入魔有害，做生意入魔卻可以達致興旺發達、家肥屋潤的美滿業績。

歐詩人的歷史觸覺令人欽佩，本書深入研究貫串金庸武俠世界的兩大企業，即丐幫與少林派的發展史，由最早古的北宋《天龍八部》時代，一直追蹤到清乾隆年間的《雪山飛狐》時代。「金庸商管學」建構出管理學有中國文化特式的J理論，該有潛質取代先後已完成歷史任務的X理論、Y理論和Z理論。

今宵良晤，豪興不淺，他日入魔相逢，再當杯酒言歡。咱們就此別過。是為序。

潘國森序於香港心一堂

二零一八年第四季吉日

註釋

① 「隨着金庸小說研討會在港台、美國以及中國南北各地的陸續召開，讀者的熱情仍然不減，討論的風氣似乎更盛。從早期倪匡的點評，中期陳墨的詳析，到最近潘國森等人的考證，在在顯示出金庸小說的魅力。金庸的武俠小說，真的如世所稱，已成一種中國文化的特殊現象。」見吳宏一，〈金庸印象記〉，《明月》（《明報月刊》附刊），二零一五年一月號，頁42–47。

總序

這裏收集的都是近年來我在管理中國經濟學教育科研網的管理與商務經濟學版時發表的一些文章，寫的時候並沒有用來公開發表的打算，只是希望透過金庸的名氣吸引人流，所以風格並不十分統一。

由於是寫給大學或以上程度的人看的，使用金庸武俠的內容也以七十年代的第二版為主，這些人包括我都是看著這一版長大的，對文章的背景大家都有一定的瞭解，至於世紀新修版，我認為這個年齡層的人多未接觸，用來分析不免要把大家帶入迷局中去的，所以也就只好割愛了。

我可能是香港第一個拿管理和商務經濟學的理論來分析金庸的武俠的人，大有可能開創一個學派，或可稱為「金庸商管學」（JBA, Jinyong Business Administration）。

分析是按貝克①老大在《人類行為經濟分析》②中的假定：

（1）理性人假設，即每一個參與市場交易的個人都有能力作出理性選擇，以追求效用最大化③。

（2）市場有效性假設，即無論在何種約束條件下，市場總能自動達成某種程度的均衡。

（3）偏好穩定的假設，即個人偏好的理性排序是穩定的。

只不過採用的是管理、商業和經濟學的理論而已。

管理學（Management）又稱為「組織理論」（Organizational theory），管理學早期來自於實務工作者的經驗歸納。二次世界大戰前後，管理學自許多的人文、社會學科借用，取材新的研究方法、方法論④（Methodology）。近年來，管理採取科際整合（Interdisciplinary）的方法來尋求新的管理措施辦法。所以管理學沒有自己的學問，它的理論、觀念以及方法、借自所有人文、社會甚至是自然科學。而按我們的做法，商業管理學個案來自金庸的武俠經典，只是對這些經典的研究有時並未能立刻給我們一套完整的理論或答案。

現在要出版了，對於如何分類我是傷透腦筋的了，金庸武俠內容博大精深，寫出來的分析每每跨越幾個類別和幾部書，不過我還是按照我對管理和商務經濟學的理解分了一下，這個分類未必是最好的，但聊勝於無。所以書分三本。

第一本講商務管理的概念，說明錢的重要性，和管理學的基礎，書末則附帶分析從《倚天屠龍記》後到《笑傲江湖》時代的江湖世界，這樣對讀者了解本書內容或許更有幫助。

第二本主要說的是組織和策略問題，因為我始終相信「沒有壞的產品，只有壞的營銷」這句話，這樣這個部分也就落在對策略的分析上。書末則附帶分析丐幫這一金記武俠創造性組織[5]的各個方面。

有了策略還要有人來運作，所以第三本書講的是人的問題，包括領導和職員，市面上的所謂管理學的書多數講人，而且只說領導，你我「受人二分四[6]」的低級小職員其實也想知道如何當好小職員，升職加工資的，可惜就是沒人教啊！這一部分希望能稍微填補一下市場空白。書末則附帶分析了《笑傲》時期的華山派掌門岳不群，解釋企業中領導的作用和行為。

這本書的創作過程得到金學大師潘國森老師的指點，幫我指出很多看書不夠仔細的地方，不過限於個人學力，錯漏依然難免，所以要在這裡說一句文責自負，所有錯誤歸作者，至於榮耀自然歸於主——本叢書「主」編潘國森老師了。

歐懷琳

二零一三年一月

註釋

① Gary Stanley Becker　美國著名的經濟學家和社會學家，一九九二年諾貝爾經濟學獎得主。貝克把經濟理論擴展到對人類行為的研究，獲得巨大成就而榮膺諾貝爾經濟學獎。貝克開闢了一個以前只是社會學家、人類學家和心理學家關心的研究領域，他在擴展經濟學的疆界方面所做的一切是其他經濟學家所不及的，是新學術領域的開拓者。

② Gary Stanley Becker (1976), "The Economic Approach to Human Behavior", University of Chicago Press.

③ 效用最大化(maximization of utility) 即在個人可支配資源的約束條件下，使個人需要和願望得到最大限度的滿足。

④ 方法論，就是人們認識世界、改造世界的一般方法，是人們用什麼樣的方式、方法來觀察事物和處理問題。概括地說，世界觀主要解決世界「是什麼」的問題，方法論主要解決「怎麼辦」的問題。

⑤ 很多人以為丐幫是金大俠首創，事實上早在還珠樓主一九三二年寫的《蜀山劍俠傳》中的

怪叫化凌渾就是丐幫之主，不過金大俠描寫的丐幫就比還珠樓主更為深入和有系統。

⑥ 受人二分四：做的多，收入卻少。由來自當年在香港流通的中國、西班牙和墨西哥銀圓。他們的一元硬幣都重七錢二，而一毫則是其十分一——七分二，五仙就是三分六。因此，二分四就是三仙三，實在少得很。

別序

這一本書是《金庸商管學——武俠商道》的第二冊，專注於研究組織和策略的問題，和第一冊獨立成篇，不必按次序讀。俄國作家列夫・托爾斯泰在其名著《安娜・卡列尼娜》（俄語：Анна Каренина）的開場白說「幸福的家庭都是相似的，不幸的家庭各有各的不幸」。而在我看來成功的企業都不是相似的，失敗的企業則都一樣過分注重人的問題。這個注重人的問題不是說人的管理，而是人與人之間的勾心鬥角，爾虞我詐。

這一本書是所謂的成道篇，不是研究修仙證道，而是成功之道。希望通過這本小書，大家可以了解經商的正道，不忘初心，必有回響。

此書分為三部分，首先講的是企業內部合作，與企業間的合作問題。接下來的重點在策略與戰術的分析和應用上。最後我們嘗試分析丐幫這家百年老店的組織與發展歷程。

歐懷琳

二零一三年一月

第一部分　財務（錢真的很重要嗎？）

企業的發展離不開正確的策略，但是策略的推行又離不開推行策略所需要的資金和人才，同時好的人才很多時候是靠薪金來吸引的，這樣錢，或者不那麼直接的說資金就成為發展的基石。現代的企業籌集資金靠的是上市，所以我們下面講的就是上市的問題。但是發展有時又是靠兼併收購取得的，所以我們在說聯盟的同時也舉了個不成功的兼併的例子。

關於籌集資金——融資，阿里巴巴集團董事局主席馬雲有兩句話：「做企業，首先要想到的是沒有融資我也能盈利，等你盈利了，想擴大盈利的時候，那時就會有人想要投錢了。沒有盈利的時候想說服別人投資，投資人多半會說：等你盈利了再說吧。」和「你一定要在你很賺錢的時候去融資，在你不需要錢的時候去融資，要在陽光燦爛的日子修理屋頂，而不是等到需要錢的時候再去融資，那你就麻煩了。」

慕容家族的融資之所以失敗就是還沒賺到錢就想找人投資，最慘的是連可行性報告都沒給投資者看過，單靠拳頭壓迫人家屈服，一種很典型的市場恐怖主義，招致失敗和反彈那是醫療中的事了。所以錢是很重要的，但重要的是你的企業能賺錢，而不是一開始就想著圈錢。

第一章 姑蘇慕容——借殼上市的悲劇 天龍

姑蘇慕容來頭不小，家世之顯赫除了段家就算他們了，而當南燕①顯赫一時的時候大理②段家還沒出現呢。因為曾經顯赫所以自命血統高貴，沒辦法，人家是（宋朝）四五百年前的皇族。可是四五百年前的皇族又怎麼樣，連個流亡政府都不是，還有什麼好自傲的呢？

詩曰：

萬計千方謀復國，百年數代隱姑蘇。
瑯嬛水閣多孤本，貴冑天潢只四奴。
兩樣奇功成大業，一人公司建王圖？
資金缺乏難為事，隊伍全無肯定輸。

不過想當年慕容家族可是當時有數的幾家上市公司之一，全盛時期的南燕市場佔有率接近全國的百分之二十。統治區域包括今天的山東與河南的一部分。由於市場做得不好，市場佔有率嚴重萎縮，為投資者所拋棄，導致成交量銳減，股票更多次跌停，並被勒令停牌，最後被迫進行私有化③從而退市。進行了私有化前的姑蘇慕容，轉移了部分優質資財，一面在姑蘇地區搞起度假村和地產生意，一面準備資金，企圖重新上市圈錢。這一準備竟然準備了好幾百年，直到《天龍》時代，慕容集團的董事長慕容博才完成這一準備工作，甚至還進行路演[4]，為尋找私募[5]資金造勢。

路演是在天龍時代的三十年前進行的，地點是雁門關外，代理主持該次路演的是少林寺玄慈方丈統帥的一眾武林豪傑。據說玄慈有了名，自然求利，慕容博送過玄慈不少錢，平時還介紹幾個女孩給玄慈，玄慈和葉二娘的一段情便種因於此。另外據有關方面證實，逍遙派的李秋水懷疑也是這一次活動的贊助者之一。據說這是李秋水曾經為獲得慕容家的「斗轉星移」之術，以一篇半對半錯的『凌波微步』與之交換。也唯有這樣才解釋得通為什麼《天龍》第二回〈玉壁月華明〉中『瑯嬛福地』裡的姑蘇慕容籤條下沒有註明「缺斗轉星移」的字樣，畢竟「斗轉星移」和「大理段氏」的一陽指法、六脈神劍劍法都是家傳的武功，也是當時的頂級武功，既然同樣是頂級武功的《易筋經》、降龍十八掌，『瑯嬛福地』沒有，則「斗轉星移」也應該沒有才對，現在姑蘇慕容籤條下沒有註明，那麼就是已經得到了。而慕容家當時出名的就是慕容博，慕容博又會點不太對的逍遙派的『凌波微步』（見《天龍》第九回〈換巢鸞鳳〉，所以我們可以肯定這『凌波微步』是慕容家以「斗轉星移」交換回來的。由於慕容博在路演後十二年還在練習『凌波微步』，加上段譽的評語，我們可以肯定慕容博同志得到的不是全版的『凌波微步』。

但慕容博從那裡學的『淩波微步』呢？《天龍》第三十七回〈同一笑，到頭萬事俱空〉李秋水說當年我和你師父住在大理無量山劍湖之畔的石洞中，逍遙快活，勝過神仙。我給他生了一個可愛的女兒。那是四十年前的事了，推斷李秋水的女兒——後來的王夫人在慕容博路演時最多十一、二歲。那時無崖子已經給打入深谷之中。想像中李秋水和無崖子鬧翻了之後，帶著女兒獨闖江湖，結交的自然是江湖成名人物，慕容博同志肯定在內。然後李秋水和慕容博就有了聯繫，並在其鼓動下參與了慕容博的路演。路演的時候李秋水發現了蕭遠山的真正身份，知道他有一個自己惹不起的師傅，所以沒有出手。但為了逃避蕭遠山師傅報復事件參與者的可能，就讓未來的王夫人就此借居在慕容家，自己則逃到西夏，要知道慕容家的生活條件肯定比石洞好，也比跟著自己流浪好。作為交換條件，李秋水教給慕容博一點『淩波微步』，當然教功夫之前免不得要像遊坦之對阿紫那樣叫慕容博表演一下武功，於是「斗轉星移」就給李秋水學去了。玄慈之認為慕容博被人欺騙，大概就是指李秋水了。像慕容博這種身份，能／欺騙他的也就只有逍遙派三巨頭了。不過十幾年後，玄慈發現逍遙派銷聲匿跡，不像從這路演上獲利的樣子，於是向慕容博查問，慕容博也就假死起來。而那時的慕容復才十幾歲。

也正因為有了李秋水的關係，即使王夫人（阿蘿）是在丈夫將要去世時或丈夫剛去世時當段正淳的情婦，作為親戚的慕容博也不敢出聲，即使後來遺腹女王語嫣出生，他和他老婆也不敢說什麼。《天龍》第十二回〈從此醉〉，王語嫣說過：「我爹爹早故世去了，我沒生下來，他就已故世了。」她是個遺腹女，如果王夫人是在丈夫已經死去很多年後才和段正淳相好，那麼生的女兒就不該姓王了。而王語嫣在同一回中說她比慕容復小十歲，慕容復是二十七八，王語嫣最多十八歲。十八年前慕容博還沒躲到少林，和老婆玩了崔百泉一把，所以小王的出生他和老婆是知道的。家門不幸，慕容博的老婆竟然不追究，是不是很奇怪？這裡必然是因為和逍遙派的關係，更因為他曾經被騙以「斗轉星移」交換逍遙派的武功，王夫人乃至她身後的逍遙派已經對慕容家的武功知己知彼，吃定他了，可憐的孩子。

這孩子最可憐的倒還不是這件事，想這孩子，十五六歲差點殺了黃眉大師（見《天龍》第九回〈換巢鸞鳳〉），二十七八，搞起路演，居然失敗了這才是可憐，如果成功了，要報復逍遙派還不容易？

慕容博一家的圖謀是什麼？

是復市。啊！不！復國！

復國靠什麼？

靠有兵有將有錢，慕容他媽不教他去學萬人敵，卻去學什麼武功，倘若手下有幾個將才帥才也還好，看他留給兒子的四個人，沒見一個能領兵打仗的。如果真讓他搞局成功，國無人才，還是復不起來。這個重新上市的計劃，一開始就錯了方向，不是面對大眾招股，而是去找只會點武功的武林中人，那是想靠私募資金發展業務然後上市了。私募資金失敗後，玄慈已經失去利用價值，終於在私募資金失敗後第七年，慕容博停止向玄慈提供金錢和美色，於是玄慈派玄悲向慕容博進行勒索。最後慕容博以假死逃避玄慈的貪得無厭，並在其後殺死玄悲。

其實找武林同道也是可以的，說不定還能組織一隊特種兵作為機動力量。問題是慕容家業務風險極大，不可能找到投資者，靠私募資金這條路是行不通的，雖然慕容博後來得到山東半島上的蓬萊派的支援，但蓬萊派的力量不足以成就慕容博上市計劃。按《天龍》第四十三回〈王霸雄圖，血海深仇，盡歸塵土〉，慕容博說慕容氏要建一支義旗，兵發山東，做這件事非要得到雄長當地的蓬萊派的支援不可。可是蓬萊派的功夫連二流的青城派都打不過，又那裡靠得住呢？倘若慕容博他媽當年不是逼著他練武功，而是讓慕容博學點兵法策略什麼的，那麼慕容博就不會犯這麼明顯的錯誤，去找什麼私募資金，而是去建立自己的銷售隊伍了。這樣慕容博也就不用假死，並且在最有作為的時候因為私募失敗忿而辭職，將家族企業交由才十來歲的小慕容復主裡。可憐的孩子（們）。

註釋

① 中國東晉時期的五胡十六國之一。。鮮卑族慕容德所建。公元三九八年建都廣固。統治今山東及河南的一部分，史稱南燕。公元四零九年東晉劉裕率師北伐，四一零年二月攻下廣固，南燕亡。

② 公元七世紀，洱海周圍出現了蒙嶲詔、越析詔、浪穹詔、邆賧詔、施浪詔、蒙捨詔等六個「詔」（部落），其中的蒙捨詔在諸詔之南，故稱南詔。公元八世紀，六詔在唐支持下，建立南詔政權。九三七年，通海節度使段思平聯合滇東三十七部進軍大理，建立了大理國。大理國基本繼承了南詔的疆界。大理國統治雲南達三百多年，期間曾受宋王朝的「雲南八國都王」等封號。

③ 「私有化」一詞在中文中可用於兩種完全不同的情況：一般指將國有企業的所有權轉給私人，相應英文為Privatization。但也可以指將上市公司的股份全部賣給同一個投資者，從而使一個上市公司（Public Company）轉變為私人公司（Private Company），英文對應為Taking Private。

④ 路演的本意譯自英文Road Show，是國際上廣泛採用的證券發行推廣方式，指證券發行商發行證券前針對機構投資者的推介活動。

⑤ 私募（Private Placement）是相對於公募（Public Offering）而言，私募是指向小規模數量Accredited Investor（通常35個以下）售股票，此方式可以免除如在美國證券交易委員會（SEC）的註冊程序。投資者要簽署一份投資書聲明，購買目的是投資而不是為了再次出售。私募融資是針對特定對像、採取特定方式、接受特定規範的證券發行方式的融資方式。

第二章　姑蘇慕容——借殼上市的悲劇（二）　天龍

都說「北喬峰、南慕容」，兩個人都是當時武林年輕人中的佼佼者，連續數年獲得大宋國十大年輕才俊之二。喬峰自不必細說，有後面的丐幫撐腰，連這個名頭都拿不下，就太對不起丐幫的數萬幫眾了。慕容復能和喬峰齊名，可見他是有真材實料的。他的身世本就比喬峰高貴，出身於皇室系統。姑蘇慕容之所以在《天龍》時代如此出名，除了家傳絕學斗轉星移和參合指外，姑蘇王家的瑯環福地起了重大的作用。王家的瑯環福地收藏了天下的武林秘笈，包羅萬象，再與慕容家的家傳武學和還施水閣藏書結合，創出了天下最大的一個奇跡，堪稱大宋國的武術亞歷山大圖書館①，各門派的絕學慕容家的後人幾乎都能使。慕容家的家將以公冶乾為首，排第二是鄧百川，《天龍》第十五回〈杏子林中，商略平生義〉提到他曾和喬峰對掌，喬峰對他甚是敬佩，可見他也有一定的實力，風波惡和包不同則次之，加上一個活的武林秘笈王語嫣，各家各派的武功如數家珍，行走江湖簡直就是一帆風順，武林中基本上沒有人可以打敗他們，也難怪他可以與喬峰齊名了。但是你慕容家的目的是復國啊！搞那麼些武林秘笈頂什麼用？圖書館裡放的應該是兵書和治國方略才對啊！又一個行為與目標不相稱的典型，復國不成那是意料中事。

詩曰：

慕容年少興燕廷，政出多門計不靈。
西夏豈宜招駙馬，雲南何必認螟蛉。
假兵大理途千里，借穀延慶缺障屏。
上任新官燒把火，家臣命喪各飄零。

慕容復出場時的年齡是二十七八歲，那時的慕容博因為私募失敗，把企業交到小復手中已經十幾年了。少年得志，但管理經驗全無的慕容復只能按既定的方針辦事，可惜慕容博並未為他留下什麼策略。身負復市重任的慕容復只能向祖先學習，期望在武林中募集資金建立一支自己的力量。然而慕容博說交權並沒有真的交權，像魔術家手中的飛刀，說放出去，其實也沒放過。這點我們可以在後來看到慕容博在山東建立了一隻武裝力量但並未向慕容復透露（《天龍》第四十三回〈王霸雄圖，血海深仇，盡歸塵土〉），而慕容博更加拋開慕容復，在武林中圈錢，而圈錢的手段實在比較不合法，這點其實給慕容復的工作帶來困難和負面影響。可憐的孩子，在巨人的陰影下無所作為，也無法作為，但是慕容復並不愚蠢，這才是人生最大的悲劇，而更可怕的是悲劇並未到此為止。

慕容氏從萬里疆土，淪落到只擁有燕子塢及金風、赤霞等四個莊，丟失疆土比例超過丟掉大陸只剩台灣的國民黨政府。不過慕容復還是在自己能力所及下對姑蘇慕容做出改造。首先他放棄了在姑蘇搞旅遊業和房地產這個基本看不到效果的策略，投靠了西夏，成為西夏一品堂的頭領，期望建立起一支屬於自己的私人武裝，如果不是慕容博那個老不死的突然跳出來，打亂計劃，慕容復很可能已經成功的借西夏一品堂建立起自己的武裝力量重建大燕帝國。但兩頭馬車的姑蘇慕容終於因為慕容博的胡來撞車了。還好終於慕容博在清潔工的點化下，最終放棄了對姑蘇慕容的控制，而從那一刻起慕容復總算成了姑蘇慕容的真正主人。當然這只是他這樣想而已。

慕容博其實給他留下了一大隱患——包不同。這傢伙成事不足敗事有餘，把慕容家復國的可能助手都得罪光了。先是大理世子段譽，每次見面不是冷嘲就是熱諷，當慕容復真的要復國的時候想得到大理的幫忙那是門都沒有的。然後是靈鷲宮新主人，虛竹子在回到靈鷲宮後，真心巴結慕容復。只因爲一幅畫，被包不同辱罵，其實就算藏了一幅畫，而且那畫真是王語嫣，可是虛竹沒有任何舉止，這也沒什麼大不了的，但包不同不聽解釋，破口大罵。令得慕容復辛辛苦苦爲七二島主出力，結果因爲不尊敬虛竹，倒成了他們的敵人，實在可惜（事見《天龍》第三十八回〈糊塗醉，情長計短〉）。

還好少了慕容博的干預，慕容復的腦子突然靈活起來，想到借殼上市這一招，當西夏招駙馬的時候就與沖沖的帶著四大家臣趕了過去。可憐的孩子，雖然很有當經濟學家——以最小代價幹最大的事的天份，卻未能跨越時代的限制明白借殼上市的規矩。所謂借殼上市是指一間私人公司（Private Company）透過把資產注入一間市值較低的已上市公司（殼，Shell），得到該公司一定程度的控股權，利用其上市公司地位，使母公司的資產得以上市。通常該殼公司會被改名。四個莊園的姑蘇慕容的實力又如何比得上西夏？他既不是李澤楷的盈動（錢沒人家多），西夏也不是香港電訊，這個殼是借不起來的。還好虛竹這個天龍中最幸運的人攪了他的局，使得他不用被反收購。

痛定思痛的慕容復最後選上了大理的段家，說實話大理是當時最弱的一個國家，可是用來借殼還是慕容復無法吞下的大餐。而事情的進展是慕容復居然差點成功的借到大理這個殼，很可惜這時姑蘇慕容的內部問題爆發了，四大家臣在之前並未反對慕容復去西夏借殼，這時候全跳出來反對了。到底發生什麼事？其實很好理解，四大家臣在這件事上豪無貢獻，為了表現自己的價值都站出來反對，並且擡出慕容博這個前董事長來證明他們的一貫正確。這是最犯領導的忌的事，所以他們的命運也就決定了。

關於《天龍》第四十八回〈王孫落魄，怎生消得，楊枝玉露〉中包不同之死和鄧百川、公冶乾、風波惡的離開那是一件很大的悲劇。本來慕容復等五人的計劃是向大理借兵復國，但是去到後面，慕容復突然推翻了之前的決定，改為認段延慶為義父。這是執掌慕容家族後慕容復的第一次自主決定，選擇一個錯誤的時機來證明自己才是真正發號施令的人。他沒有想到，這一決定是全面否定了之前的策略，單方面推翻一項經過深思熟慮的決定是沒有道理的，也是不可取的。慕容復的行為嚴重的打擊了鄧百川、公冶乾、包不同和風波惡的自信心和四人在他們屬下面前的威信。招致反彈是一個必然的結果，這一個表現自己的錯誤做法，成本極其高昂，導致所有高管全部辭職。而他們的死亡和離去也就是姑蘇慕容的失敗，沒有了人才這一重要資產，我們不能相信，即使慕容復能入主大理會有什麼人來協助他控制和治理這個國家?當然最後的結果還是以慕容復借殼失敗告終，畢竟這個殼不是殼，殼中一個武功不靈光的段譽就把他擊敗了。

最後我們驚異的發現即使慕容復能成功借殼當上大理皇帝，他的大燕夢還是不可能實現的。大燕的地盤在那裡?在山東，而大理則在雲南，我們實在不能想像慕容復帶著一支大理兵安然穿越宋朝的地盤到達山東展開他的復國之戰。如果他竊居大理並更改國號為大燕，又是不是可行呢?可以想像他一當上大理皇帝，虛竹帶領的西夏兵已經兵臨城下了。

可憐的孩子!

當年怎麼沒人教他學點地理呢?!

註釋

① 亞歷山大圖書館始建於托勒密一世（約公元前一三六四——前二八三年），盛於二、三世，是世界上最古老的圖書館之一。館內收藏了貫穿公元前四零零——前三零零年時期的手稿，擁有最豐富的古籍收藏，曾經同亞歷山大燈塔一樣馳名於世。

第三章　倚天後的華山派——第一個分拆上市的武林企業

笑傲（倚天、碧血）

華山派這家公司比較吸引我們注意，金庸最早提及華山有限公司是在倚天裡。當時的首席執行長是鮮于通先生，雖然是首席執行長，從《倚天》第二十一回〈排難解紛當六強〉中看，鮮于通先生的行為還是受董事會監管的，高矮老者就是董事會的實權派，矮的叫威震什麼來的。

華山有限公司沒有少林，武當兩個企業大，但在金庸的書裡卻在笑傲和碧血劍中當了兩回主角，可見起碼也是間有點歷史的中型企業。華山有限公司第一次領銜主演應該是笑傲江湖，第二次應該是碧血劍了，最後一次出現是《鹿鼎記》，但那時華山有限公司已經將主要業務轉移到東南亞去了，成為國際企業，所以我們還是主力說那第一回當主角的事比較好。

詩曰：

分分合合為那般？氣劍輕重是禍端。

有力集資清異己，不群獨自戴儒冠。

紫霞天幸成正道，九劍無緣做標杆。

創派祖師專劍法，後人誤棄回頭難。

說第一次應該是《笑傲江湖》那是對笑傲江湖年代還有爭議的緣故，但《碧血》第三回〈經年親劍鋏，長日對楸枰〉中穆人清收袁承志時對於華山派的開山祖師風祖師爺磕頭，如果說這個風祖師爺是《笑傲》裡的風清揚，那華山有限公司的第一次當主角就是笑傲江湖了。

華山有限公司在倚天裡是一家公司，到了笑傲江湖開始時也是一家，但到了岳不群師父那一代就分拆上市了。分拆上市的原因是華山有限公司的岳肅和蔡子峰兩位董事從《葵花寶典》中發展出一劍一氣兩種產品（《笑傲》第三十回〈密議〉），因為公司業務愈來愈廣泛，對什麼是核心業務①的認識各有不同，於是決定分拆上市。

廣義的分拆上市包括已上市公司或者非上市公司將某一業務單位或子公司從母公司獨立出來，公開招股上市。華山有限公司分拆為劍宗和氣宗分別在主版掛牌。華山有限公司的分拆使核心業務和投資概念更顯清晰。分拆的好處尤其在華山有限公司的業務出現盈利水平及前景高於企業平均水平的戰略業務單位——風清揚董事長出現後更為明顯。風清揚董事長的潛在價值，留在華山有限公司不能被市場所充分體現。最大的好處是分裂成劍宗和氣宗後能更好的實現業務的專業化管理和發展，氣宗岳不群的師父就是在實現業務的專業化管理後，排擠了劍宗當上華山有限公司的首席執行長的。

岳肅和蔡子峰分拆後華山有限公司股份由華山劍宗和華山氣宗兩家企業共同持有。根據岳不群的話劍宗的人比氣宗多，如果每人一股，那麼我們可以肯定按人數來說，劍宗控制了華山有限公司大部分股份，華山劍宗應該說就是控制了母公司了。但是華山劍宗這個母公司的股份，後來被華山氣宗這家子公司發動突然襲擊強行收購了，從此華山氣宗成了母公司，而華山劍宗成了子公司。可是收購是要錢的，錢從何來？自然是機構投資者②了，但機構投資者為什麼會選擇支援子公司而不支援母公司呢？

事實上華山有限公司當時的主營業務③是劍宗，在整個五岳劍派這一專業化組織中並不突出，畢竟大家都是專用劍這一專業，這在整體資產上對策略和戰略上對合作伙伴是缺乏吸引力的。岳不群首席執行長在《笑傲》第九回〈邀客〉曾經說過：「劍宗功夫易於速成，見效極快。大家都練十年，定是劍宗佔上風；各練二十年，那是各擅勝場，難分上下；要到二十年之後，練氣宗功夫的才漸漸的越來越強；到得三十年時，練劍宗功夫的便再也不能望氣宗之項背了。」還是《笑傲》第九回〈邀客〉岳不群首席執行長還說過：「你師祖憑著練得了紫霞功，以拙勝巧，以靜制動，盡敗劍宗的十餘位高手，奠定本門正宗武學千載不拔的根基。」這就是說劍宗的業務開始時發展比較迅速，過了二十年就走下坡了，這莫非就是傳說中的產品生命周期。估計到了岳不群師父的時候正是練氣宗功夫的第二十年其增長潛力巨大，因此才能得到投資者的青睞，甚至得到銀團貸款來進行收購，對華山有限公司進行重組和再分拆。

關於投資者或銀團金庸沒有說明，但是推想起來有這樣的人力物力的企業不多。算起來嵩山有限公司有能力奪得五嶽劍派盟主，當然有這個能力，但當時兩家是搶盟主的競爭對手，嵩山有限公司當時自己也在集資，所以沒可能為華山氣宗的人出力。日月神教也有可能，不過他們搶過華山有限公司的科研成果《葵花寶典》，兩者勢成水火，就更不可能為華山氣宗融資了。剩下的就是兩大巨頭的少林或武當了。《笑傲》第九回〈邀客〉岳不群首席執行長說：「這是本門的大機密，誰也不許洩漏出去。別派人士，雖然都知華山派在一日之間傷折了二十餘位高手，但誰也不知真正的原因。我們只說是猝遇瘟疫侵襲，決不能將這件貽羞門戶的大事讓旁人知曉。」那就是說收購的內幕除了華山氣宗和投資者沒人知道了。《笑傲》第三十回〈密議〉少林方證對令狐沖道：「華山派後來分為氣劍兩宗，同門相殘，便種因於此。」少林既然知道同門相殘的事，那麼少林肯定是投資者了，至於武當有沒有參與，那就不得而知了。

不過貸款也好，投資也罷，都是要付利息的。鯨吞了母公司的氣宗也要還利息的，這就是為什麼五嶽劍派爭奪盟主之位，將盟主之席給嵩山派奪了去，看來是由於借款太多，利息沉重，無力兼顧的緣故。不過推尋禍首卻是這失敗的分拆造成的。

分拆的原因，現在看來是控制華山有限公司的華山劍宗退出投資的重要戰略，目的是逐步退出非核心業務的華山氣宗。應該說分拆有利於優化企業資源的優勢，但是第一次的分拆顯然沒有達成華山劍宗的目標。分拆的第一戒是不可動搖母公司的獨立上市地位。對母公司而言，分拆上市在本質上屬於資產收縮範疇，勢必會影響到母公司的業績，對於原本業績一般的公司來說，分拆優質資產後對母公司業績的影響會更大。《笑傲》第九回〈邀客〉華山有限公司首席執行長岳不群說過：「玉女峰上大比劍，死了二十幾位前輩高手，劍宗固然大敗，氣宗的高手卻也損折不少。」所謂不少那麼在人數對比上起碼不會是一比二十，最少也要是三比十才好說損折不少。那麼華山氣宗就應該有超過六位前輩高手，而他們的實力也等同二十位以上的華山劍宗前輩高手，這第一次分拆後母公司業績收縮了最多百分之五十！而華山氣宗決戰前的實力只是稍微弱於華山劍宗而已，這一點絕對不利於華山有限公司整體競爭力的提高，更加影響了母公司的獨立上市地位，最後才有華山氣宗的為了保護其在母公司的地位在玉女峰的反攻倒算。

《笑傲》第九回〈邀客〉華山氣宗的反攻倒算是華山有限公司的一次重新分拆，這次分拆也是失敗之作，取得母公司控制地位的華山氣宗實力嚴重削弱。造成這一後果主要是這次重新分拆沒有顧及所有股東的利益。尤其是當時在華山有限公司持股量最大的個人股東風清揚先生受到最大的損失。這次分拆上市的決定並非董事會所有成員都知道，是在最大的個人股東風清揚先生到江南結婚不知情的情況下開的股東大會上決定的，如果有這個最大的個人股東參與風清揚先生可能可以成爲董事長。

這次大會上公司最大的個人股東風清揚先生，未能免費獲得分拆上市子公司的股份，或對股份享有優先認購權，更不要說對分拆之後子公司的任何安排的決定權。這點導致可能董事長風清揚先生在股市上大量拋售華山有限公司的股票後退出董事會，使華山有限公司股價大跌，並引起剩下不死的原華山劍宗股東恐慌性拋售，從此再也不在股海中尋寶了。當然華山劍宗股東封不平、成不憂等人，在五嶽劍派盟主的資助下，曾經希望重奪華山有限公司的控制權。但是華山氣宗在受可能董事長風清揚先生教育的理財專家令狐沖的幫助下渡過這次危機。（《笑傲》第十、十一回）

經過這幾次分拆華山有限公司實力嚴重受損，加上後來華山有限公司首席執行長岳不群策略失當，導致華山有限公司幾乎倒閉。我們知道在《笑傲》第三十九回〈拒盟〉當日月神教董事長任我行先生光臨華山時，華山上只剩下嵩山、泰山、衡山、華山四派共三十三名弟子，那麼華山有限公司最多就只剩下三十人了！

理財專家令狐沖要繼續為恆山理財，可能董事長風清揚先生只好再次出面重組華山有限公司，正式當起董事長來。封不平，叢不棄還有那華山有限公司剩下的不超過三十人就是新班底了。接下來我們就能看到穆人清指著董事長風清揚先生的遺像說：「這位是華山派的開山祖師風祖師爺」了。不過風清揚董事長的獨孤九劍始終沒有傳下來，估計是一、封不平，叢不棄那幾位資質太差，學不好；二、風清揚董事長年紀太大了，弟子們沒學完獨孤九劍他就先去見獨孤大俠了；三、獨孤九劍不屬華山劍法的課程綱要。不過憑著這沒學全的獨孤九劍，華山有限公司後來還是威風了幾把。首席執行長兼董事長神劍仙猿穆人清武功之高，當世實已可算得第一人，而關門徒弟袁承志還面團團的當起七省盟主來，最後還創立華山有限公司東南亞分公司，開中國武術團體沖衝出中國之先河。還有個歸辛樹夫婦差點就讓康熙腦袋搬家，如果不是韋小寶的阻攔，這個第一次幫中國皇帝腦袋搬家的吉尼斯世界記錄說什麼也輪不到呂四娘來開創的。

縱觀華山有限公司的分拆和重合歷史，其過程可以用|<>|這樣一個圖形表現之，這個有點類似反正兩面南非國旗合在一起。天下大勢合久必分，分久必合，武林企業也逃不脫這個規律。

岳不群師祖的師祖選擇加入劍法的專業化行列那不是沒有道理的，氣功這個東西有他的極限，紫霞功練到極致也不可能超過《易筋經》，只有劍法這個東西有可能推陳出新，有壓倒少林的機會。岳不群師父沒能看清楚這點，中了武林集團的計謀，耽誤了華山的發展，破壞了五岳劍派的合作，幸運的是劍宗最後在風清揚的帶領下成功復辟，開創《碧血劍》中華山派領導天下武林的局面。

註釋

① 核心業務（Core Business）企業是一種或幾種核心能力的組合，企業的核心能力最終需通過核心產品及其組合，也就是企業的核心業務表現出來。如果把企業比喻成一棵大樹，核心能力就是樹幹，核心業務便是果實。

② 機構投資者從廣義上講是指用自有資金或者從分散的公眾手中籌集的資金專門進行有價證券投資活動的法人機構。以有價證券投資收益為其重要收入來源的證券公司、投資公司、保險公司、各種福利基金、養老基金及金融財團等，一般稱為機構投資者。

③ 主營業務（Main Business）主營業務是指企業為完成其經營目標而從事的日常活動中的主要活動，可根據企業主要業務範圍確定，例如工業、商品流通企業的主營業務是銷售商品，銀行的主營業務是貸款和為企業辦理結算等。

第四章　明朝那場股東大會　笑傲

時間大概是明朝吧，畢竟令狐沖曾經自稱參將，而參將是明朝首設的官①。那一天五嶽聯盟在嵩山的封禪台搞了一個合併的股東大會②。到會的除了五嶽劍派還有來自各地的媒體多人。會議是由五嶽聯盟主席左冷禪先生提議並召開的。這一個會議開的那個叫憋屈——這是左冷禪先生事後說的，會議開始時他可是與高采烈的，以為他會是合併後的集團公司主席呢。結果人算不如天算，主席讓原五嶽聯盟的華山地區領導岳不群先生坐了。

詩曰：

半世稱雄份位尊，江湖幾欲一人吞。
滿心合併謀天下，五岳分崩奪掌門。
高管事前無協議，股東會裡失強援。
挾來眾侶仇難復，思過崖頭盡不存。

左冷禪先生創建五嶽集團的目標很遠大，當時左冷禪已經當上五嶽劍派盟主，那是第一步。第二步是要將五派歸一，由他自任掌門。五派歸一之後，實力雄厚，便可隱然與少林、武當成為鼎足而三之勢。那時他會進一步蠶食崑崙、峨嵋、崆峒、青城諸派，一一將之合併，那是第三步。然後他向魔教啟釁，率領少林、武當諸派，一舉將魔教挑了，這是第四步。按這個是《笑傲》第三十回〈密議〉，武當集團董事長沖虛的話了。

由聯盟而合併那是現代企業很正常的做法，據說這樣可以享受規模經濟③的好處，不過這是在聯盟已經緊密合作的前提下進行的。問題是五嶽劍派的聯盟緊密嗎？讓我們看看五嶽聯盟的組成原因，那是為了對付日月神教集團有限公司的。當時的江湖大概是由少林武當組成的武林聯盟、日月神教集團有限公司和五嶽聯盟組成的三頭壟斷。五嶽聯盟的組成原因書上沒說清楚，但估計和受到日月神教集團有限公司的打壓有關。

論組織嚴密當以日月神教集團有限公司為最，然後是五嶽聯盟，最後才是少林武當聯盟，然而少林武當聯盟並未正式結盟，（表面上）只是維持一種類似英美間的特殊關係，只有在重大問題上合作一下，其他時候各自為政。所以五嶽聯盟才是江湖上真正意義上的聯盟（strategic alliance）。

聯盟的形式是多樣化的，五嶽聯盟雖然有個盟主，但其合作一開始應該只限於對付日月神教集團有限公司，到後來才發展成一種資源共用的戰略聯盟④。如果不是這樣，華山企業的兩位前董事岳肅和蔡子峰在得到《葵花寶典》後就應該上交盟主，大家資源共用一下了。後來雖然發展到喊出「五嶽劍派，同氣連枝」的口號，但那是對低級員工說的漂亮話，對聯盟中各企業領導這句話只是口號而已，聯盟實際上還是很鬆散的。不然的話《笑傲》第七回〈授譜〉中衡山企業的執行長莫大先生不會為了保護師弟消滅嵩山企業的執行部經理費彬先生了。由這點也可以看到，雖然是聯盟，只有在面對日月神教集團有限公司的威脅時大家才聽盟主的號令，其他時候各企業則各行其是，這是一個典型的危機控制[5]（crisis control）問題，長此下去這個聯盟就有瓦解的危機。聯盟主席左冷禪先生身為領導自然明白這個問題，而他的對策是釜底抽薪──合併！

合併也是聯盟的一種，聯盟有高端（high-end alliances）即合併也，還有低端（lower-end alliances），那就是之前的合作性聯盟。問題是在江湖形勢沒有發生任何變化的時候提出改變，又有多少人會接受？又有多少人會試圖阻止這一合併以保護既得利益？於是左主席設計了一個日月神教集團有限公司搶佔恆山企業的陰謀（見《笑傲》第二十三回〈伏擊〉），以此製造面臨攻擊的危機感，迫使各企業同意合併，據說這樣就可以取得規模效益，用來對抗日月神教集團有限公司的侵襲性進攻。

問題是這種高端聯盟需要先和各企業的領導達成各種協議。因為一旦合併成功，組織將面臨管理以及各企業的獨立性乃至高管的人事安排，而這些都必須在合併之前就計劃好的。很可惜，左主席沒有先就這些問題和各企業進行商討，而是專注於如何在合併後當其領導。更有甚者還為未來企業設計了一套旗幟，不過後來岳不群執行長，坐上執行長的位子後自己設計了另一套旗幟（可惜也沒來得及用）。

事實上如果按部就班的話，《笑傲》第三十二回〈併派〉，封禪台上的會不應該是股東大會，而應該是各聯合企業領導討論合併事宜的董事會會議⑥！如果是董事會的話左主席有機會順利當選五嶽派的執行長，但是他把這個會開成股東大會，這一來本來是我眾敵寡的形勢便變成了敵眾我寡了。事實上這次股東大會上左主席才和各企業領導達成合併的共識！左主席同時還面臨兩個強勁對手的挑戰。第一個是被武林聯盟鼓動的令狐沖，另一個則是受日月神教集團有限公司暗中支援的岳不群。

五嶽聯盟合併之後勢力將會大增，勢必破壞市場平衡，所以五嶽聯盟的兩大競爭對手必然會以各種方法阻止合併。於是我們看到《笑傲》第三十回〈密議〉，武林聯盟的兩位老總親自勸說令狐沖出馬爭這個執行長。日月神教集團有限公司對岳不群的支援書中說的很隱晦，必須加以考究才明白。事實上岳肅、蔡子峰筆錄的《葵花寶典》是除了紅葉禪師原本之外的最完整版本，到底是不是和原本百分之百一樣我們已經無從考究，但林遠圖靠記憶寫下的袈裟版肯定不如筆錄版完整！書中沒說林遠圖過目不忘，所以東方不敗學筆錄版用針做武器而林遠圖據袈裟版而用劍做武器。如果岳不群和他故意讓左主席得到的《葵花寶典》是山寨自袈裟版，則兩人都應該用劍。可是在封禪台岳不群是在左冷禪長劍落了下來，插在臺上後用針刺瞎左主席的，用針的《葵花寶典》只有一本，那本在日月神教集團有限公司的保險櫃裏鎖著呢！岳不群居然懂得用針的《葵花寶典》，那麼除了日月神教集團有限公司的暗中支援還有什麼理由可以解釋呢？

投票的結果是受日月神教集團有限公司暗中支援的岳不群勝出。這也是必然結果，令狐沖是打不過岳不群的，其他各企業的領導對於左主席的專制一早就不滿了。武林聯盟的兩位老總看的太清楚了，所以《笑傲》第三十回〈密議〉沖虛說：「泰山天門道兄性子剛烈，也決計不肯屈居人下。令師岳先生外圓內方，對華山一派的道統看得極重，左冷禪要他取消華山派的名頭，岳先生該會據理力爭。只有恆山一派，三位前輩師太先後圓寂，一眾女弟子無力和左冷禪相抗，說不定就此屈服。豈知定閒師太竟能破除成規，將掌門人一席重任，交託在老弟手中。」

事實上方證說：「左主席文才武略，確是武林中的傑出人物，五嶽劍派之中，原本沒第二人比得上。」這是有道理的，因此在失去執行長的位子之後他還能領著一群殘疾人士，企圖挑戰受日月神教集團有限公司暗中支援的岳不群。很可惜岳不群是日月神教集團有限公司的臥底，不在方證說的五嶽劍派之中，所以左主席挑戰失敗，最後還給令狐沖這傻小子KO了。

我想左主席在一劍刺入自己小腹之前一定對自己說：「下輩子再搞合併，我一定要先開個董事會，跟大家打打招呼，取得共識。」

左冷禪設計的旗幟，五個圓圈代表五嶽，上面二個圈代表五嶽劍派的兩大競爭對手——日月神教和武林聯盟。

岳不群設計的旗幟，五個尖角代表五個劍尖，合在一起就是五嶽劍派了。

註釋

①　參將，為十五世紀，中國明朝首設的官制名稱，位階約為今中高級軍官。明代鎮守邊區的統兵官，無定員，位次於總兵、副總兵，分守各路。明清漕運官設置參將，協同督催糧運。

②　股東大會（Shareholders Meeting）既是一種定期或臨時舉行的由全體股東出席的會議，又是一種非常設的由全體股東所組成的公司制企業的最高權力機關。它是股東作為企業財產的所有者，對企業行使財產管理權的組織。企業一切重大的人事任免和重大的經營決策一般都得股東大會認可和批准方才有效。

③　規模經濟（Economies of Scale），也稱規模效益，大規模生產導致的經濟效益簡稱規模經濟，是指在一定的產量範圍內，隨著產量的增加，固定成本可以認為變化不大，新增的產品就可以分擔更多的固定成本，從而使總成本下降。

④　戰略聯盟的概念最早由美國DEC公司總裁簡•霍普蘭德（J. Hopland）和管理學家羅傑•奈格爾（R. Nigel）提出，他們認為，戰略聯盟指的是由兩個或兩個以上有著共同戰略利益和

對等經營實力的企業，為達到共同擁有市場、共同使用資源等戰略目標，通過各種協議、契約而結成的優勢互補或優勢相長、風險共擔、生產要素水平式雙向或多向流動的一種鬆散的合作模式。

⑤ 一旦危機發生，首要的任務是在查出危機的產生原因後，馬上對危機進行控制，防止其進一步惡化，盡量減少企業的損失。因為危機有連鎖效應，一種危機往往能引發另一種危機。

⑥ 董事會（Board of Directors）董事會是股東大會或企業職工股東大會這一權力機關的業務執行機關，負責公司或企業的業務經營活動的指揮與管理，對公司股東大會或企業股東大會負責並報告工作。股東大會或職工股東大會所作的有關公司或企業重大事項的決定，董事會必須執行。

第五章　君子屢盟　天龍、神鵰、笑傲、碧血、鹿鼎

所謂的聯盟定義甚多，不過這都是一個常識各自表敘而已——兩個或以上的獨立組織為了實現各自的戰略目的而達成的一種長期或短期的合作關係。很可惜無論是現實還是在金大俠的武俠小說中，這些聯盟很多都以失敗告終。金大俠的武俠小說中的聯盟更加幾乎找不出一個成功的例子，然而這更好，便於我們發掘聯盟失敗的原因，同時還可以順道陰謀一下。有個比較奇特的現象就是盟主的存活率偏高，這大概就是為什麼很多人想搞聯盟的原因——就是為了在金書中頑強的生存下去，不過這對聯盟的成員來說這恐怕不是什麼好消息。所以也許聯盟也是一種圍城——圍城外面的人想進去（能當盟主那些），裡面的人卻想出來（只可以打雜跑龍套的那些）。

詩曰：

聯盟或可比圍城，關外何曾問敵情。
志氣頂天心勝力，眼光短淺意孤行。
多門並舉金甌缺，獨隱軍情大廈傾。
目的共同持久故，起雲猶自享盛名。

第一個聯盟組織是什麼時候出現的呢？這個已經不可考了，我們只知道那時的盟主是北宋的少林，至於建立時間和原因就不好說了。第一個有據可考的那應該是發生在北宋了，時間是發生在《天龍》三十年前的雁門關外的一場血戰前，前多久就不必考究了，聯盟組織的目的是截殺遼國到少林搶劫的契丹武士。成員當然很多，不過這些人的武功就不怎麼樣了，像螞蟻一般給人一捏就死。聯盟固然沒有名字、目的由於情報有誤也根本沒有達到。反而這個聯盟維持了三十幾年，要說維持這麼多年是有先見之明為了防備後來的蕭峰那是不可能的，最大的原因是他們發現了蕭峰他爸蕭遠山的師父是誰，而這個人連當時的武林盟主少林也惹不起，所以為了防備來自這個人的報復，維持這一聯盟作為第一道防線。同時這一聯盟對幕後組織者慕容博來說也是失敗的，慕容博想以此弄出宋遼交戰，但並未成功，更未能把聯盟成員吸收到自己的復國團隊中去。所以我們的第一個聯盟是失敗之作。這個聯盟的失敗告訴我們貿然聯手，在沒有搞清楚到底是怎麼回事之前，不要輕易聯盟，否則會害死很多人的。

第二、三個聯盟是南宋時期，分別在大勝關和襄陽舉行（《神鵰》第十二回〈英雄大宴〉和《神鵰》第三十六回〈獻禮祝壽〉），目的是抗元，盟主都是郭靖，這一聯盟隨郭靖身亡而瓦解。這次是怎麼失敗的呢？敵人——市場是搞清楚了，自己的身份反而沒弄清楚。抗元那必須有正規軍的參與，組成聯盟又各自為戰，不組成軍隊，這戰還怎麼打？輸是合理的，贏了才沒天理。所以搞聯盟要投入到自己熟悉的行業中去，如果是自己不熟悉的，就要調整結構乃至策略，迎合市場，這樣才有成功的機會。同時這個聯盟的失敗還在於其目標遙不可及，經過一次次的失敗後大家都沒了信心，瓦解是必然的事。同時聯盟就是和自己志同道合的聯合，意見相左的就不要來了，這麼簡單的規矩都不懂就搞起聯盟來，結果差點讓蒙古來的金輪法王當上了盟主。《碧血》另一個類似的聯盟由名將之後袁承志領導，袁承志最後輸急了，竟然攜帶公款逃到海外去了，這筆公款據說清政府最後也沒能追回來。

接下來的聯盟應該是《笑傲》的五嶽劍派了，這個聯盟也失敗了，雖然曾經也紅火了幾十年，不過好漢不提當年勇，還是講下失敗的原因吧。雖然該聯盟終結於合併，但合併前已露敗象，左冷禪並未統一大家對合併的認同，而是一意孤行採用各種手段逼迫大家同意合併，此一行為令聯盟內部對他反感的大有人在，假如不是搞了合併大會，左冷禪再這麼弄下去聯盟也必將瓦解。所以如果戰略聯盟中的一家公司總是我行我素，就會引發聯盟中另外一些公司的反感，進而引發矛盾和爭端，最後瓦解也就不可避免。

和袁承志同一時期還一起是浙閩沿海的海盜，由七十二島總盟主碧海長鯨鄭起雲率領，這一組織倒是個成功的例子，所以成功暫且按下不表。單說後世有一武林聯盟，組織者竟然不是武林中人，竟然是《鹿鼎》中顧亭林這個讀書人，組織的聯盟叫「鋤奸盟」，不要以為有點知識就能搞聯盟了，同樣是失敗告終！所以失敗那是很簡單的原因，外行領導內行，這領導和成員間本身就是存在一種文化衝突。文化衝突是指包括語言、經營態度等方面的差異。在這個「鋤奸盟」裡就是對領導者的理解的問題，文無第一，武無第二，如果不憑武功選出個總盟主來是沒有法子號令這幫人的，偏偏這事就給耽擱了，反而各省選一盟主。這樣的結果是令出多門，大家都在為本省利益著想，這難免要鬧矛盾起衝突，這一來所謂的聯盟也就沒有作用了。另一個導致聯盟失敗的原因是聯盟的目標問題，策略制定者口中說是為了殺吳三桂，心裡想的卻是復國，這兩者並不相同，定出來的方針政策也就很容易起衝突，策略非牛非馬，如果這都可以結出好果子來，那肯定是金大俠暗中相助了。

最後一個出現的聯盟是《雪山》裡的范苗田三家，同樣這個聯盟在維持百年以失敗告終。本來這個聯盟是可以以完成任務的姿態光榮退出歷史舞台的，但是田歸農向苗人鳳隱瞞了胡一刀的信息，使聯盟變了質，又維持了二十幾年。但在此之前苗人鳳已經退出聯盟宣告了聯盟的死亡。如果參與聯盟的合作方，更多地出於自己的利益而不是共同的利益來考慮問題，將直接威脅到聯盟的可靠性和存活率。

七十二島總盟主碧海長鯨鄭起雲率領的浙閩沿海的海盜倒是很榮幸的存活了下來，雖然後來他們在某次戰鬥中因戰術失誤被官兵消滅，但是此戰之罪也，和聯盟無關。他們聯盟得以維持的原因很簡單，那是有共同的利益和目標。而他們的目標不僅簡單同時也並非遙不可及——都是為了保命和弄錢。在共同利益的驅使下，這一聯盟成為本書最成功的聯盟也就勢在必然了。另外江湖傳聞鄭起雲和鄭成功的父親鄭芝龍是拜把子的兄弟，後來他們其實投靠了鄭成功云云。

第二部分　管理並不只是人的問題

管理學的焦點是組織如何有效的運作，統稱組織理論（Organisation Theory）。另一方面也有以人為出發點的組織行為學（Organisational Behavior）和人力資源管理學（Human Resource Management）。同時我們還有策略管理學（Strategic Management）。這一部分專門講金記武俠中和組織與策略有關的事情，至於人的問題就留待下一部書再說了。

之所以要把組織和策略提到前面，那是因為市面上的所謂管理學書籍多數集中在講人的問題，而且還要是人事鬥爭的問題，不過人事鬥爭和管理學並無什麼太直接的關係，反而和我們中國人內鬥內行關係頗深。正本清源，我們就把組織和策略問題擺到前面來了。

策略和戰術是有分別的，策略就是公司的大方向，而戰術則是如何達成這一目標的方法的問題。這裡面說的策略和戰術與市面上那些什麼孫子兵法，三十六計做藍本的戰術不同。孫子兵法，三十六計那種不叫戰術，叫陰謀。

商場講的是信用，是長期合作，靠耍陰謀詭計那是做不長的。所以漢朝陳平①說：「我多陰謀，是商家之所禁。」②老子在《道德經》五十七章說：「以正治國，以奇用兵。以無事取天下。」正是此意。

註釋

① 陳平（？—前一七八年），陽武（今河南原陽）人，西漢王朝的開國功臣之一。在楚漢相爭時，曾多次出計策助劉邦。漢文帝時，曾任右丞相，後遷左丞相。「反間計」、「離間計」，均出自其手。

② 《史記》《陳丞相世家》陳平曰：「我多陰謀，是道家之所禁。吾世即廢，亦已矣，終不能復起，以吾多陰禍也。」

第六章　少林領袖群倫之謎
倚天（天龍、射鵰、笑傲、鹿鼎、書劍、外傳）

在武俠小說中，許多故事均以少林寺為背景展開。金記武俠自然也離不開說一下少林。在金庸的小說裡，少林寺向來是正義的化身和武林正派的代表，雖然並沒有擁有《九陰真經》、《葵花寶典》這樣的絕頂武功，但是畢竟還有達摩傳下的《易筋經》，所以也可以屹立江湖千年不倒。當然少林也有打到輸的連老本都快賠光的時候，《倚天》裡就給滅了一回，只是當時他們面對的可是國家機器，江湖幫派能和國家爭強鬥勝的在金記武俠中除了明教還沒有過。

詩曰：

有驚無險盛千年，勇救唐宗得業田。
制度成功無貢獻，易筋傳誦有遺篇。
江湖半壁皆裙帶，支派同撐一片天。
借問當今誰可比，大英帝國把邦聯。

金記武俠中少林雖然極少出產絕頂高手，但歷代人才輩出、高手如雲，在《天龍八部》裡，中原武林唯一能和少林相抗衡的幫派只有人數眾多且同樣擁有眾多高手的丐幫。但在天龍裡也只是給丐幫打到大門口，那時的丐幫和當年被拒在莫斯科的德軍一般，只有望門興歎的份。即使在衰落期的《射鵰》時代也有個可以教五絕子弟的枯木，而他只不過是少林派旁支的仙霞派的傳人而已。雖然武功比他高的焦木在丘處機手下也走不了幾招，但是根據老丘他們把年紀活到狗身上的事實，十多年後的枯木不見得就比老丘差太多。陸乘風也是眼高於頂的人，能找他來教兒子，這個枯木應該還是有點門道的，更重要的是五絕之一的黃藥師居然也知道他！去到《倚天》雖然折在趙敏的手下，然而也還是很快恢復元氣，在少林開起屠獅大會來。《笑傲》中的少林和武當結盟與五嶽劍派和日月神教鼎足而三。《笑傲》第二十六回〈圍寺〉令狐沖帶人攻入了少林，不過人家是主動撤離，和太祖當年延安保衛戰①中撤離延安一樣。最後令狐沖果然和一八一二年攻入莫斯科的拿破侖一樣損兵折將，灰溜溜的逃了②。只是憑令狐沖這二千來人就敢獨挑少林，實際統領這些人物，人數更多的日月神教又為什麼不敢動少林這塊骨頭？東方阿姨是無心爭雄了，任我行可還有心一鬥，但也只敢採用埋伏的手法不敢直接殺上少林，這其間恐怕不無道理在的。在分析這個道理之前還是讓我們看一下少林的特點吧。

很宏觀的說，關於少林的強勢有很多人認為這和他的完整的武學繼承體系，以及管理制度有關。事實上完整的管理制度確實有助於少林薪火相傳，而武學繼承體系也是少林維持武力領導地位的基石。這一點起碼在《天龍》時代可能是正確的，然而這樣是不足以維持少林的千年權威的。看看《笑傲》時期的少林，能有多少人？高手人數同樣眾多的日月神教就不敢正面碰他，這個肯定不會是任我行突然大發慈悲的緣故的。

從歷史上看，少林一早和李世民（政府）搞好了關係，所以少林有自己的田地，有自己的各式商業活動，家大業大錢也多，少林的和尚們吃喝不愁，收弟子的時候不用挑來挑去，像宋朝的《天龍》第十三回〈水榭聽香，指點群豪戲〉中的青城派一樣非找幾個有錢的不可，而是想收多少收多少，蠢貨與天才全要了。門派自然就大了。接下來就是良性發展了，門派大，想進門派的就多，有錢人也把子弟往這兒送，爲了讓子弟多學點好功夫，當然香油錢大大的，越賺越多。經濟基礎夠了，發展起來也就容易了。

在《天龍》時代以及之前，少林沒有受過十分正面的挑戰，但把這個完全歸功給繼承體系和管理制度似乎也有欠公允。先說管理體系，方丈以下設有鑽研武學的般若堂、心禪堂，訓練弟子的達摩院、主持日常事物的羅漢院等等，藏經閣裡有全寺所有武功秘笈供所有僧眾取閱研究，方丈總理全局，般若堂、達摩院、羅漢院的首座分管具體事務，方丈及各首座由全寺僧人推選產生，心禪堂由最年長的和尚組成，鑽研最高武學，純屬科研單位有時也介入最高管理階層的確立（如《倚天》第二回），但不處理具體事務。這一體系雖然具有民主管理的雛型，可是少林的管理體系說穿了不就是佛教的管理體系嗎？凡是佛教門派基本都是按這個套路管理的，只是有的門派小點，分的沒少林那麼嚴格而已。所以這一優勢並不足以令少林領袖武林。

再說武學繼承體系，金書的《鹿鼎》對少林描寫比較仔細，那是一套循序漸進的體系，這套體系是可以產生高手，眾多的高手。但是又有那幾家的武林幫派不是以循序漸進的方法來教授弟子的？只不過少林還有一個研究各派武功的機構——般若堂，和少林寺專研本派武功的達摩院。知己知彼先立於不敗之地。然而這一體系其實是包含在制度之內，其實沒有分開來說的必要。況且武功高只是領袖群倫的基本條件，沒有其他方面的配合還是不行的。就像美國，能稱霸全球，軍力強盛固然是一個方面，可是沒有雄厚的經濟實力他還是強盛不起來的。

最重要的是這種制度是可以抄襲的，西域少林本來就是少林西路軍的產物，所有制度和少林應該並無分別。可是我們看到西域少林最終成為純佛學研究機構。而《書劍》中福建少林則產生出于萬亭這個紅花會當家。可見制度並非少林成功的原因，內部管理只是一個方面，並且歷代幫派內部管理嚴格的那麼多，為什麼只有少林長盛不衰或者短暫失意立馬復興？如果制度可以決定一切，歐美的管理制度嚴格來說算先進了，可是都採用那套制度，為什麼知名的大企業大公司就那麼幾家？又像前蘇聯，和美國一樣要核武有核武，要衛星也有衛星，結果如何那是可見的。明顯的我們忽略了少林的一個或幾個重要的因素。

一家武林門派或公司得享大名，肯定不是由於他的某些可以複製的優點。這些優點是不足以構成他的競爭優勢的。只有那些無法複製的東西才是他們成功的秘密，也就是所謂的核心競爭力。但是少林的無法複製的優點是什麼呢？

在我的看法有兩點，其中之一金庸已經在《鹿鼎》中說了，那是：「少林寺眾僧於隋末之時，曾助李世民削平王世充，其時武功便已威震天下，千餘年來聲名不替，固因本派武功博大精深，但般若堂精研別派武功，亦是主因之一。通曉別派武功之後，一來截長補短，可補本派功夫之不足；二來若與別派高手較量，先已知道對方底細，自是大佔上風。少林弟子行俠江湖，回寺參見方丈和本師之後，先去戒律院稟告有無過犯，再到般若堂稟告經歷見聞。別派武功中只要有一招一式可取，般若堂僧人便筆錄下來。如此積累千年，於天下各門派武功瞭若指掌。縱然寺中並無才智卓傑的人才，卻也能領袖群倫了。」

這一點當然是別派學不來的，少林眾僧具有一種共用知識的風氣，這點在別的宗教門派中並不多見，究其原因那是火工頭陀的貢獻了。火工頭陀事件之後，少林定下寺規，凡是不得師授而自行偷學武功，發現後重則處死，輕則挑斷全身筋脈，使之成為廢人。這一來武功傳授必有師父，收徒也更加嚴格，自然加強了師徒之間感情的聯繫，這種聯繫的增強有利培養師徒眾僧之間的互信。最重要的還是武功的傳授不是由一人完成，而是多人共教。

知識的分類，依知識表達的程度可分為「外顯知識」和「內隱知識」（Tacit knowledge）兩種。Polanyi認為內隱知識與個人特質有關，是難以正式化及言語來表達的。外顯知識則可以用正式化、系統化語言來將知識表達。Nonaka & Takeuchi將內隱知識定義為：「無法用文字或句子表示主觀且實質的知識」。即，人們可以通過口頭傳授、教科書、參考資料、期刊雜誌、專利文獻、視聽媒體、軟件和數據庫等方式獲取，以可以通過語言、書籍、文字、數據庫等編碼方式傳播，也容易被人們學習。

這是常見的知識分類方式。內隱知識通常是指企業人的經驗、技術能力、文化、習慣……等等這類的知識，是比較難以模仿與移轉的知識，也往往是企業競爭力的重要來源。少林的教授方法是利用「團隊共識」的運作，可以將個人內隱知識轉換為企業的內隱知識。藉由這種手法有效地協助企業擴大自身的知識基礎，並保留對企業競爭力影響甚大的核心知識。

不過我們應該看到一個事實，這就是少林幾乎沒有產生過絕頂高手。（清潔工是個例外，再說我們也不能肯定他是少林製造。）那麼這個少林人數不過三兩千人，除去不懂武功的，能有一兩千人就不錯了，真正能拿出手的就更少了，《笑傲》第十七回〈傾心〉中高出令狐沖一輩的四個少林「高手」就是當著方生大師的面給任大小姐殺了的，可見武功上少林和日月神教還是有點距離的。日月神教大旗一揮拉他一兩萬人出來還是有可能的，其中武功及得上任大小姐的恐怕也不算太少，居然也不敢正面挑戰，進攻少林的HQ？這當然不會是怕了少林的內隱知識了，那是另有所怕的了。

未說這個令日月神教不敢輕舉妄動的原因之前，先說一下現在國力最強的國家。大家或許會說那是美國也。我可以肯定的告訴大家那是錯誤的，這個最強的國家乃是英國。何以這樣說，無他，美國就這麼一個國家，可是英國就不同了，他可是英聯邦的領頭羊啊。英聯邦（又稱共和聯邦，英語：Commonwealth of Nations）是由五十三個獨立國家組成，其中多為大英帝國的前殖民地，元首為伊莉莎白二世，她同時是英聯邦王國的國家元首。自從一九二零年代，英國開始考慮讓殖民地自主，並於一九三一年落實成為《威斯敏斯特法令》通過，此時英聯邦正式確立。英聯邦的成立，是基於成員國之間的共同歷史背景，讓大家在獨立以後能夠繼續維持自由平等的關係，現在仍有十三個英聯邦的成員承認英女王為其國家元首。假如美國和英國沒有歷史關係，而又手癢起來想找個國家打打，那末英國將會是他最後的選擇。

這個英聯邦放在金庸武俠裡就是少林了。

天下武功出少林，其實應該說天下門派出少林！很多門派或多或少都和他有點關係。《飛狐外傳》中的馬行空使的便是少林派中極為尋常的「查拳」，但架式凝穩，出手擡腿之際，甚是老練狠辣。除此之外江湖上還有類似仙霞派、渤海派，韋陀門這些出自少林的門派。更重要的是少林派的俗家弟子為數眾多，在江湖上各據一方。《倚天》都大錦是少林派的俗家弟子，拳掌單刀，都有相當造詣，尤其一手連珠鋼鏢，能一口氣連發七七四十九枚鋼鏢，因此江湖上送了他一個外號，叫作多臂熊。不過《書劍》福建莆田少林門下第二十一代天字輩俗家弟子于萬亭更當上紅花會的大當家。就算《書劍》同樣出自少林但武功不如的周仲英也是名聲極大，還是西北武林領袖人物。至於少林還俗的林遠圖也創下七十二路辟邪劍法，威震江湖，打遍天下無敵手。這些還是明面上的，暗地裡不知還有多少和少林有關係的門派、弟子在江湖上走動。

少林和他們的關係也是基於成員之間的共同歷史背景，和大家繼續維持自由平等的關係，這樣自然獲得他們的支援。再加上少林武功自《倚天》火工頭陀事件（當然火工頭陀事件很值得懷疑和陰謀）後非徒不傳，一旦收了這個徒弟必然盡力教好，師徒感情肯定深厚，一旦有事這些在外的門派、弟子自然會傾力相助。《倚天》中鄱陽幫主只是崆峒派的記名弟子，六派圍攻光明頂時都要拉了全幫來幫忙，少林的弟子只有更多，能力只會更強，都拖家帶小來幫忙，場面有多壯觀就可想而知了。所以即使是有日月神教或丐幫這樣實力的幫派在沒弄清楚少林的真正實力之前也不敢輕易想去撼動少林的，搞不好他們幫派中的重要人物就是少林出身的，這個戰怎麽打？而這個實力到底是多少恐怕連少林自己也不清楚。好像《飛狐外傳》第十七章〈天下掌門人大會〉中「他指著第一席的白眉老僧道：『這位是河南嵩山少林寺方丈大智禪師。千餘年來，少林派一直是天下武學之源。今日的天下掌門人大會，自當推大智禪師坐個首席。』群豪一齊鼓掌。少林派分支龐大，此日與會的各門派中，幾有三分之一是源出少林，眾人見那武官尊崇少林寺的高僧，盡皆喜歡。」憑天下武人三分之一是源出少林這樣的實力要領袖江湖自然不是難事（至於為什麼會有這麼多利益攸關者，就要等以後的微觀分析再說了），自己人一抓一大把，還有誰能、敢反對的呢？所以這才是少林歷千年而不衰的原因！

註釋

① 延安保衛戰，於一九四七年三月十三日開始。戰爭是由國民黨為了攻佔延安，摧毀中共黨、政、軍指揮中樞的目的，在西北地區集結了三十四個旅二十五萬多人的兵力而起。中國共產黨根據敵我態勢決定：先誘敵深入，適時放棄延安，在延安以北的山區創造戰機，逐步消滅國民黨的軍隊。

② 一八一二年五月，拿破侖率領操十二種語言的五十七萬大軍遠征俄羅斯。一八一二年九月七日法軍即將進入莫斯科。俄國統帥庫圖佐夫力排眾議，放棄首都。九月十六日，拿破侖騎著高頭大馬進入莫斯科，亞歷山大一世和庫圖佐夫帶著俄國高級將領和大部分莫斯科居民已經撤出了莫斯科。拿破侖本以為亞歷山大一世將會妥協，未料到迎接他的卻是莫斯科全城的大火。馬上要來臨的寒冬季節，以及俄羅斯人民堅決不投降，和此時在國內的馬萊將軍策劃的一場失敗的政變，令他不得不趕回法國。俄羅斯的寒冬，俄國追軍和游擊隊使不可一世的拿破侖也畏懼了，法軍不是戰死就是凍死，最後回到法國的只有不到3萬人。從此，讓整個歐洲都戰慄的大軍已經不復存在，遠征俄羅斯失利後，法蘭西第一帝國元氣大傷，日益衰落的法國面對的敵人將是曾經被迫臣服的整個歐洲。

第七章　尋找少林影響力的來源　天龍、倚天、笑傲

上一篇分析了一下少林領袖群倫的原因，這個原因是他的內隱知識和勢力外延，那是從宏觀角度的分析。寫的時候，沒怎麼看書，虧得朋友給我提供了一個外延的實例。《天龍》第二十一回〈千里茫茫若夢〉中阿朱道：「武林之中，單是一句話便能調動數萬人眾的，以前有丐幫幫主。嗯，少林弟子遍天下，少林派掌門方丈一句話，那也能調動數萬人眾……」這句話頗讓我吃了一驚，無他，在我想像中這少林方丈如果能調動數萬人，少林中其他大和尚，中和尚，小和尚在江湖上也各有交情，都把這個關係運作起來，要調動他五六萬人也是可能的。這一來就引發了我研究少林這份影響力的來源的興趣了。要知道單憑師承關係要調動他們在危急存亡的時候給少林賣命多少總有些靠不住，即使他們肯，手下的人未必願意跟著賣命，其間必有利害關係者。

詩曰：

千軍萬馬論關係，利益勾連產業鏈。

徒子入幫狂圈錢，名師出世究科研。

高招洩露時難免，私貨藏埋護版權。

各貼標籤當認證，少林影響竟千年。

那麼這個是什麼利害關係？可以肯定少林和這些人或門派之間必然有一條利益輸送的產業鏈①，皮之不存，毛將焉附？所以這些人才會給少林賣命。未說這條產業鏈前先賣個關子，說一下《天龍》裡一場筆墨官司。

事實上武林中的名門正派多屬打著維護正義旗號的武術研究機構，類似於現今不同專業的高等院校，畢業後有的人便可投入到民間的幫會組織中去，比如像丐幫這樣的行業工會。作為學術研究機構對保護知識產權問題（本派的武功）是看得很重要的，倘若秘密洩露了——像少林的七十二絕技，那麼結果會如《天龍》第三十九回〈解不了，名韁繫嗔貪〉玄慈所想「不出一月，江湖上少不免傳得沸沸揚揚，天下皆知，少林寺再不能領袖武林。」

一般來說，一旦發生侵權糾紛，江湖上多數並不訴諸法律，而是採用暴力手段解決——暴力本來就是江湖社會的邏輯。《笑傲》第二回〈聆秘〉中勞德諾說到自己偷看青城派練劍，知道觸犯大忌，「嚇得面無人色」。《倚天》第十四回〈當道時見中山狼〉中蘇習之偷看了崑崙派武功，被崑崙派弟子詹春奉命千里追殺。唯一的一次例外是《天龍》裡，波羅星偷學了少林絕技，這一次事件是採用和平的近乎法律的手段解決的。當然中國歷史上第一次國際知識產權糾紛以中國敗訴告終，但這並無損此次事件成為國際上就知識產權立法的經典案例，並被各大法學院爭相研究。

所謂知識產權泛指一組無形的獨立財產權利，包括商標權、專利權、版權、外觀設計權、植物品種保護權及集成電路的佈圖設計權。到了武術研究機構手上當然是指某指定門派指定絕技的專利權②。關於少林的這場專利權官司，一開始少林就已經不佔贏面。少林一直宣稱其武功來自達摩，那麼少林其實並不擁有來自天竺的七十二絕技減三的專利權。好在波羅星和哲羅星這天竺雙星也證明不了自己就是七十二絕技減三的專利持有人，這兩方是海軍鬥水兵——水鬥水，這場官司才打的起來。

不過這場官司少林還是輸了，主要是他把一場盜竊的刑事案打成了知識產權的民事案，而且還要是專利侵權③的案子。說來可悲，波羅星同學偷學武功，好偷學不偷學，竟然偷學路子和天竺武功不一樣的那唯三的三種。君不見郭二小姐就是武功路子和父母不合學不了《九陰真經》的嗎？怎麼單挑這三種和自己原來武功路子有衝突的來學？連學三種都是和自己武功路子不同的，同時還是少林自己研發的武功，概率是：

$$1/(72\times71\times70\times2)$$

超過七十萬分之一，這樣一個低概率事件，讓我們可以陰謀一把。估計這幾種武功是清潔工故意擺出來讓他偷學的，好等到時候抓現行。

如果是盜竊的刑事案只需要有他偷盜的人證物證即可，其實當時抓到了，讓他寫個供詞，再往官府一送，立個案也就夠了，少林裡竟然沒把這當一回事。事過境遷盜竊案成了專利權的侵權案。為了證明自己的發明，少林被迫要拿出自己的發明稿，向神山徹底透露涉及的發明詳情，這一點後來成為侵權官司的例行公事，可見這一案件的影響何其深遠。接下來的事那是法庭上控辯雙方的表演了，誰的表演精彩誰就能贏，那已經不是本文探討的範圍了，總之少林是輸了。不過少林還是沒倒，主要是清潔工在七十二絕技裡夾帶了私貨，說每學一種武功要有一種相應的佛法化解。這個擺明是捆綁銷售④，公平法就是對付這種的。而且如果武功佛法相對應，那麼張掖大佛寺藏經殿藏有一部明代佛經。共計六三六一卷，分作六三六函，總數達一六二一部，這樣看是不是少林起碼有上千種絕技？如果這樣的話少林和尚就真是太敗家了，達摩老祖傳下上千種絕技，到了宋朝就剩七十二減三了！不過話又說回來了達摩老祖是禪宗的，講的是「直指人心，見性成佛，不立文字，教外別傳。」既然不立文字，那有佛經可讀？當然據說達摩老祖還是傳了一本經，叫什麼《楞伽經》⑤，不過又據說這東西其實是達摩老祖用來墊高坐墊的。所以這事要不就是達摩存心靠害，要麼就是你清潔工在裡面夾帶了私貨，就像微軟在視窗裏附加了正版驗證一樣。

達摩似乎沒有靠害的必要，所以清潔工這個人很有問題，即使不是夾帶私貨的始作俑者，也是知情人之一。

但是清潔工這一夾帶私貨對少林後來的發展很有幫助，經過這個驗證程式，大家為了繼續使用又不會走火入魔只好跟在少林的後面屁顛屁顛的了。從此之後各小武術研究機構想要利用少林的名稱在外面混飯吃，必須先得到少林認可，才能擁有少林武功的版權，才能在計算機上貼上微軟視窗的標識。從此少林的專利權得到充分的保障，這個私貨的作用類似一六二四年英國頒布的《壟斷法規》，它從法律上確定專利權這種無形資產的產權，極大地推動了技術創新活動，使英國成為當時世界上工商業最發達的國家。同樣的私貨也推動了少林的技術創新，終於石破天驚，《倚天》裡一下子冒出《九陽真經》這部絕世經典。畢竟九陰只造就了郭楊兩俠，而九陽則附帶產生武當峨嵋兩派。當然這個屬於非意圖性結果（unintended consequence），不在本文討論範圍。

反正嘛專利權得到了保障，接下來的事就好辦了，就是把專利事業進行到底。其實從達摩到少林起，少林就開始打造這麼一個天下武功出少林的形象，由於絕技（專利）數量龐大（七十二種），在自然競爭下少林的品牌終於得到市場的認可。於是少林的武功品牌被各個門派或有心或無意的使用著。開始的時候少林為了打開市場，明目張膽的縱容盜用盜版（除了《易筋經》），逍遙派和慕容家族就是這樣取得不少少林武功的。天竺雙星事件之前一條授權使用少林武功的利益鏈條已經形成，少林不僅自己開發產品（般若掌、大金剛拳法、摩訶指），他也讓別人貼他的標籤（如仙霞派，渤海派，查拳）。這樣一來很多門派都貼上少林的標誌，類似貼在電腦上的英特爾奔騰或微軟視窗標識。貼標者固然得到少林認證的好處，少林也相應的加強了本身在江湖上的影響力。

這樣少林已經把武術研究變成一種授權的鏈條，和其他門派形成一種互為依賴的版權產業，相互之間是相依賴的，就是你離不開我，我也離不開你。最主要的是武林中少林始終是第一大派。其地位之穩固、高手之多哪派也比不了。因此可以建立一個網狀的利益共同體，其核心即少林本院。比如《倚天》第四回〈字作喪亂意彷徨〉都大錦一旦遇事，少林本院便會派高手增援，一般來說這種增援也是有效的。都大錦這個級別能得罪的人，三圓聯手基本足以擺平，包括殷素素倘若出來動手也是一樣。張翠山贏的一點都不輕鬆，如果不是新學了倚天屠龍功還有給人當場拿下的可能。少林的各支派在江湖上發展，同時受本院的支援和保護，一旦有事則回援本院。雙星事件讓少林明白市場擴張和產權保護的發展不成比例，終於借這個時候把當時的產權專家——我們的老清潔工推出檯面，開始收縮和整頓授權市場。想想當時的天下武林中人才有多少，少林

「方丈」的利益攸關者（stakeholder）竟有數萬之眾，則少林的利益攸關者必然更多，起碼也得超過武林總人數的一半，可是到了《飛狐外傳》少林才只不過擁有天下武林三分之一的人作為利益攸關者。也正因為他們是收縮後，沙裏撿金，和少林利益攸關的含金量十足，所以在少林遇上問題時他們肯定會一擁而上，排除萬難，不怕犧牲，去爭取最後的勝利！

註釋

① 產業鏈（Industry Chain）是產業經濟學中的一個概念，是各個產業部門之間基於一定的技術經濟關聯，並依據特定的邏輯關係和時空佈局關係客觀形成的鏈條式關聯關係形態。是一個包含價值鏈、企業鏈、供需鏈和空間鏈四個維度的概念。產業鏈中大量存在著上下游關係和相互價值的交換，上游環節向下游環節輸送產品或服務，下游環節向上游環節反饋信息。

② 專利權（Patents）是指政府有關部門向發明人授予的在一定期限內生產、銷售或以其他方

式使用發明的排他權利。專利分為發明、實用新型和外觀設計三種。

③ 專利侵權（patent infringement）是指在專利權的有效期內，行為人未經專利權人許可，除法律另有規定外，以營利為目的實施其專利的行為。這裡所講的實施，對產品專利而言，是指製造、使用、許諾銷售、銷售和進口該專利產品，對方法專利而言，是指使用該專利方法或者使用、許諾銷售、銷售、進口依該專利方法直接獲得的產品，對於工業產品外觀設計而言，是指製造、銷售、進口該外觀設計產品。

④ 捆綁銷售（Bundling Sale）是共生營銷的一種形式，是指兩個或兩個以上的品牌或公司在促銷過程中進行合作，從而擴大它們的影響力，它作為一種跨行業和跨品牌的新型營銷方式，開始被越來越多的企業重視和運用。捆綁銷售的形式主要有以下幾種：1.優惠購買，消費者購買甲產品時，可以用比市場上優惠的價格購買到乙產品；2.統一價出售，產品甲和產品乙不單獨標價，按照捆綁後的統一價出售；3.同一包裝出售，產品甲和產品乙放在同一包裝里出售。

⑤ 《續僧傳》卷一六「慧可傳」說：「初，達摩禪師以四卷楞伽授可曰：我觀漢地，惟有此經，仁者依行，自得度世」。

第八章　少林衰落數十年之迷　天龍、射鵰、神鵰、倚天

少林無論是在武俠小說中還是現實世界裡，給人的印像都是高手輩出的門派。然而少林在《天龍八部》出了一次風頭（或者說出了一次醜），之後居然要等到倚天裡才能重新成為武林領袖。「堯之都，舜之壤，禹之封，於中應有，一個半個恥臣戎」①，千年歷史的大派，居然衰落數十年，沒能出一個比得上五絕的人物，這點是很令人覺得可惜或不解的。然而金大俠其實已經告訴我們為什麼少林會在雙鵰時期的武林除名，不過答案不在《射鵰》，也不在《神鵰》，居然藏在《倚天》，可算是草灰蛇線，伏脈千里了，大家就是大家！

詩曰：

武林警察喜相殘，論劍無緣為那般？
報復火工傷弟子，互咎苦慧走西端。
勞工保障成泡影，學藝規章是罰單。
苦智惹來權鬥禍，不思變化改正難。

當《倚天》第一回〈天涯思君不可忘〉郭襄去到少林，那已經是第三次華山論劍之後三年，

那麼第一次華山論劍應該是發生在五十三年前了。張君寶出逃是因為七十多年前火工頭陀偷學武功一事後，凡是不得師授而自行偷學武功，發現後重則處死，輕則挑斷全身筋脈，使之成為廢人。七十多年前的火工頭陀事件之後，少林寺的武學竟爾中衰數十年。而五十三年前的老五絕時代，正是少林中衰期的開頭，老五絕時代沒有聽到少林高手的消息就很好解釋了。不過話雖如此，百足之蟲死而不僵，《九陰真經》爭奪戰中死了百餘名高手，我懷疑就有少林人士在內。新修版《倚天屠龍記》中《九陽真經》作者如果算是少林編制②的話，少林也並非完全沒落，《九陽真經》作者武功如何不得而知，起碼算個大師級的武理學家。

可是按《倚天》第二回〈武當山頂松柏長〉說的火工頭陀再怎麼厲害也不過比武時重傷達摩堂九大弟子，打死達摩堂首座苦智禪師，後來又打死監管香積廚和平素和他有隙的五名僧人。少林作為武林中的一大門派，當然不會只有這幾個高手，死的高手只是達摩堂首座苦智禪師，至於達摩堂的九大弟子不過受重傷罷了，傷好了還是一條好漢，所以死一個苦智禪師是絕對不可能令少林寺的武學中衰的。就算達摩堂九大弟子全死了，少林的堂口那麼多，每個都有幾大弟子，根本就不會傷筋動骨。按《天龍》第十八回〈胡漢恩仇，須傾英雄淚〉，提到少林寺還有「戒律院」，職司監管本派弟子行為的「持戒僧」與「守律僧」，平時行走江湖，查察門下弟子功過，本身武功固然甚強，見聞之廣更是人所不及。除此之外還有什麼「菩提院」、「龍樹院」、「證道院」等等，首座也是高手，哪有死了兩個人就衰亡的道理？

真正的原因應該和羅漢堂首座苦慧禪師一怒而遠走西域，開創西域少林一派有關。羅漢堂首座要走是因為起了爭執，組成西路軍[3]出走，走的時候自然會帶著和他意見相同的人走，甚至還帶走了《易筋經》，這是金書少林歷史上的一次分化，而西路軍的出走和這次爭執的內容有關。但更早的原因可能一早就有內鬥，估計類似華山氣劍之爭的分別。大概在《天龍》掃地的清潔工之後少林分成重佛國際主義和重武孤立主義兩派。達摩堂估計是重武的，有九大弟子，羅漢堂屬重佛派，一時沒什麼高手，要到後來功夫練上去了才能出高手。

重佛派的羅漢堂有意在武林中開創少林的殖民門派，美其名曰——推廣少林佛法。這一提法遭到重武派的孤立主義分子方丈苦乘禪師反對，於是重佛派指使他們暗中調教出來的火工頭陀出面，打死打傷了反對在武林殖民的苦智和方丈等人，反出少林。西路軍出走的時候為防止少林本部的秋後算帳，把《易筋經》帶走，作為護身符。而也因為這個重佛的原因《天龍》第十八回〈胡漢恩仇，須傾英雄淚〉玄慈說的乃本寺前輩高僧所著闡揚佛法、渡化世人的大乘經論的《易筋經》才會由羅漢堂保管。後來西路軍教的潘天耕、方天勞和衛天望三人佛學功夫（《易筋經》）沒練到家才會給崑崙三聖輕易打敗了。

少林中衰，達摩堂事件作用很大。所謂的達摩堂較量，本就是爲少林達摩堂選拔未來的領導，九大弟子都是身受重傷，首座更是死亡。這也就是說少林寺達摩堂中精通本派武功的年輕一輩高手死傷殆盡，這樣的事情在少林歷史上不可謂不大。而後的培養，更是因爲火工頭陀的影響，師傅的在教導時都安了心眼，看準了再教，一時間那裡找這麼多合格的弟子？於是少林本部的高手數量就急劇下降，連帶少林的影響力也削弱了。心禪七老只是名字好聽，按資質恐怕就和《鹿鼎記》中的淨濟差不多，既沒有高級武功《易筋經》，人品又不好，能夠進展成三渡級的高手就見鬼了。

關於羅漢堂首座要走的原因，根據金記少林歷史檔案館的館藏資料，這是因為火工頭陀事件後互責互咎，在少林董事會作出處理決定後，苦慧禪師因為權力慾得不到滿足，拒絕執行少林本部的正確路線，企圖到西北去求得發展，名曰武林殖民，其實是搞塊地盤稱王稱霸，好向少林本部鬧獨立。不過我懷疑檔案真確性，畢竟苦慧禪師還是拉了一幫反對「正確路線」的人走的，則這個「正確路線」到底有多正確實在不好說，再說勝利者的歷史很多時候都不那麼可信。還是讓我們來看一下除了要在武林殖民，導致這次分裂的其他原因，還原一下歷史真相吧。

那麼到底是什麼樣的爭執內容導致這次分裂？

書上沒有明說，只是提到一句話互責互咎。字面上看是追究責任時發生了意見。追究責任火工頭陀是打傷打死人，但起因卻是監管香積廚的僧人性子極是暴躁，對他動不動提拳便打。如果說有責任那麼監管香積廚的僧人是罪魁禍首了。從火工頭陀參加比武後，香積廚沒有受到懲罰，我們可以推斷香積廚歸達摩堂管理。事情基本就是中層管理人員對低層的工作人員的壓迫造成的。層層追究上去，負責管理監管香積廚這類後勤工作的僧人或部門是要對此負責的。並且這以後少林必然要出臺一套新勞動法，保障工人的利益。我們可以肯定苦慧禪師應該不是管這個工作的，並且也是提出懲罰負責該項工作的人，很可能還是這套保障工人利益的新勞動法的撰稿人。

為什麼我們這麼肯定？因為在苦慧禪師離開後，少林出臺了一條針對不得師授而自行偷學武功的規定。這條規定是在保護已經學武的中高級管理人員，而不是類似火工頭陀的低級員工。可以想像當時的爭執正是應不應該懲罰負責該項工作的人，和如何對待自行偷學武功的人。既然苦慧禪師走後，新勞動法沒出臺而自行偷學武功的人要受罰，則可以肯定苦慧禪師是堅持懲罰負責該項工作的人的意見的，並且不反對偷學武功。

當時的少林分成兩派。一派支援重佛派的羅漢堂和苦慧禪師，一派支援重武派的達摩堂或者直接點說支援方丈苦乘禪師。這個苦慧禪師能夠參與這次的爭議，證明少林這個企業由方丈作為首席執行長，其他各堂主持人組成董事會監督首席執行長，這說明少林已經具備現代企業的雛形。

苦慧禪師所以持相反意見，要懲罰負責該項工作的人，重佛嘛，心懷慈悲保護低層員工利益也是正常的，可以理解的，同時也可能因為香積廚不歸羅漢堂管，而是由達摩堂主持。但這只是意見相左，沒有出走的必要。苦慧禪師的出走可能是他曾經向方丈苦乘禪師要權，要這個管理行政工作的權，而這個要求得不到滿足。或者其實他並沒有要權，只是提出規範負責人行為和權力的要求，而這個負責人舊的已經死了，新的又是方丈苦乘禪師指派的心腹。規範負責人行為和權力，也就是規範方丈苦乘禪師的權力。權力這東西是一個整體，方丈的權力少了，羅漢堂的權力就多了。這一來本來簡單的懲罰路線之爭就變成了權力之爭，所以苦慧禪師走後，一怒開創西域少林，就給人一個權鬥的犧牲品的感覺。

問題是苦慧禪師的西路軍一走，少林的中央軍就衰落了數十年，而西路軍據說則在西域培養出一代武學宗師歐陽鋒。歐陽鋒是西域之人，成名於第一次華山論劍之前（五十年前），也就是域少林開創後二十多年。關於歐陽鋒和西域少林關係的記載，金大俠說的很隱晦，只在《射鵰》

第三十回〈一燈大師〉中提到歐吹陽鋒根據《大莊嚴論經》的內容給瑛姑畫了圖，雖然大俠說此經在西域流傳甚廣，歐陽鋒是西域人，也必知道這故事。但是中國功夫在中國流傳甚廣，我歐懷琳可就是一點功夫都不會。

況且公元一千年後西域已經逐漸淪為伊斯蘭教的地盤，歐陽鋒的佛教因緣恐怕沒有金大俠說的那麼簡單。西元七世紀初，伊斯蘭教的先知穆罕默德於阿拉伯半島開展宣教活動。唐高宗永徽二年（651）伊斯蘭教經大食（即阿拉伯帝國）遣使朝貢，其教便由海路傳入我國內地。八世紀早期阿拉伯人以武力征服了中亞，此後伊斯蘭教便開始由陸路向新疆和我國內地傳播，不過伊斯蘭教正式傳入新疆並大規模地發展，是從喀喇汗王朝開始的。喀喇汗王朝時期（840-1211）其領地包括錫爾河以東，巴爾喀什湖以南至新疆西部。北部與西部同薩文王朝相鄰，東南至西南分別與高昌王國和於闐李氏王朝相鄰。西元十世紀上期喀喇汗王朝統治者薩圖克 布格拉汗接受伊斯蘭教信仰，標誌伊斯蘭教正式傳入新疆。④

歐陽鋒懂得《大莊嚴論經》，必然有個僧人教過他，歐陽鋒既然是武林中人，結交的僧人必然也要會點武功才行。由苦慧禪師出走到歐陽鋒成名，中間隔了二十幾年，足夠時間讓苦慧禪師把歐陽鋒培養成一代高手。苦慧禪師帶走的高手雖然不一定比留在少林本部的多，但也可以說應該不在少數。苦慧禪師能造就歐陽鋒這個五絕之一，而少林本部則衰落了數十年，這才是我們要追究的事。

我懷疑其中一個原因是《易筋經》被西路軍帶走，西路軍的出走是少林集團的一次分拆，成功的分拆有利於市場對子公司的價值發現，從而間接提升母公司的市場價值和股東利益。更有助於改善母公司的資產流動性，可以使母子公司的戰略更爲清晰並帶來專業化經營的好處。但這次分拆並不成功，西路軍帶走《易筋經》，導致母公司本身被空心化。

我認為《易筋經》被西路軍帶走是有理由的，這個原因就是中央軍如果還擁有《易筋經》，肯定能製造出五絕級的高手，畢竟漫畫《易筋經》插圖的密寫已經被發現了，照本而練沒可能練不成的。同時新修版的《倚天屠龍記》也給我們提供了這樣一個反證，作為頂級功夫的《易筋經》不弱於《九陰真經》，倘若少林還有終極內功《易筋經》，則《九陽真經》的作者不必再去寫什麼《九陽真經》，直接就用《易筋經》對付《九陰真經》可也。現在《九陽真經》寫了出來用以對付《九陰真經》，則一是少林沒有了《易筋經》，所以要發明《九陽真經》，二是《易筋經》還在，但不如《九陰真經》，故而要寫《九陽真經》。如果按二的思路那麼我們就有：

《易筋經》<《九陰真經》<《九陽真經》=《易筋經》<《九陽真經》！！！

這又不符合金大俠在原版以及新修版《倚天》第二十四回〈太極初傳柔克剛〉中關於少林武功：「九陽神功和少林派內功練到最高境界，可說難分高下。」的描敘。所以我們只能假定《易筋經》被西路軍帶走，少林本部無人能學到，《易筋經》失落《九陽真經》又還沒寫出來，寫成後又沒被發現，缺乏高級武功還能產生頂級高手那就太說不過去了。

苦慧禪師出走除了因為懲罰問題自然還包括對待自行偷學武功的人的態度問題。既然少林本部對此持否定態度，並主張嚴懲自行偷學武功的人，那麼據說反對「正確路線」的苦慧禪師，對自行偷學武功的人應該持容忍甚至鼓勵態度。很可能歐陽鋒就是在苦慧禪師那裡自行偷學了武功，畢竟歐陽鋒的行事和飽受佛法熏陶的人相去甚遠。少林本部對自行偷學武功的人的態度其實就是少林對人力資源乃至人才的態度。

少林本部經過火工頭陀一事，認定人才的培養必須由師父進行，嚴禁自學成材，這一方面固然為了防止火工事件重演，同時也把武功私有化神秘化，形成一種特權，為了保有既得利益和特權，大家對少林方丈的話就再也不敢反對了，而且徒弟是師父選的，只要選聽話的徒弟，以後就不會有西路軍事件重演，這才是嚴禁自學成材的主要目的。

然而這種做法是極錯誤的，師父本身的眼力和能力可以大大限制人才的發掘，而徒弟跟了一個師父後就不好再學其他人的武功了。少林要想壯大並保持其領袖地位，首先必須建立起龐大的人才儲備，進而把少林這個武學團體變成一個學習型的組織⑤，這樣才有利於發展少林武學和鞏固少林的江湖地位。人才除了從少林之外找，還要從少林內部提拔來填補新的或空缺的職位，這樣（一）有助於改善士氣和認同感；（二）有助於評價侯選人的工作能力；（三）比外部招聘和選拔更為節約費用。但是不允許自行偷學武功就等於斷絕了少林僧人自我增值的通路，這點既打擊僧人學武的原動力，也影響了少林的士氣。重要的是作為武學團體少林需要是一個學習型的組織，自行偷學武功其實是一種自發性的學習，類似大學裡允許其他學系的學生旁聽，不允許自行偷學武功就使得學習共用成為不可能。相反如果允許自行偷學武功，這將形成促使僧人邁向共同願景的自主性。當僧人自己具有主體性地行動的權力，他們的能力才能得到發揮。苦慧禪師正是看到這一點才提出反對意見的，很可惜，真理永遠掌握在少數人的手裡。受到既得利益者反對的苦慧禪師只好帶著自己的遠見和支持者出走西域，而少林本部則在僵化中逐漸衰落。

七十多年後，錯誤的制度已經僵化，並已開始鬆動，另一個武學宗師張君寶乘時而出。可惜的是當年參與制定反自行偷學武功政策的人還在，心禪七老中的那個精瘦骨立的老僧就是其一，在他的堅持下，少林又一次和復興失之交臂，結果更為少林創造了兩個競爭對手。如果他知道他的錯誤，導致八十年後少林在武林的地位受到嚴重的衝擊，不知道這位心禪堂的老僧會不會採取不同的措施？不過這只是假設，少林最終還是為此付出了代價。

著名武林歷史學家宮白羽⑥在他的武俠歷史《偷拳》中記敘了若干個百年後，在一個叫陳家溝的地方，另一個武學宗師對自行偷學武功採取截然不同的態度，結果他的武功經由一位名為楊露蟬的自行偷學者發揚光大，直到今天還有很多人在練習。同樣的事，處理方法不同，結果也不同，所謂一念天堂，一念地獄是也。

註釋

① 陳亮《水調歌頭・送章德茂大卿使虜》

② 廣義的編制是指各種機構的設置及其人員數量定額、結構和職務配置；狹義的編制即人員編制，是指為完成組織的功能，經過被授權的機關或部門批准的機關或單位內部人員的定額、人員結構比例及對職位（崗位）的分配。

③ 西路軍，指一九三六年十月由中國工農紅軍第四方面軍主力二萬餘人（占當時紅軍總數

的五分之二），遵照中共中央之命令，西渡黃河作戰，後中央軍委要求西路軍停止西進，就地在永昌、涼州一帶建立根據地。中央原計劃以此造成河東紅軍將與西路軍在河西會合的假象，調動蔣軍，以便河東紅軍主力轉移，但此意圖中央卻不明告西路軍，只是命其不進不退、困守不毛之地。在河西走廊，西路軍孤軍奮戰，最後糧絕彈盡，慘遭失敗，幾乎全軍覆沒。毛澤東在一九三七年十二月接見西路軍所剩部分領導人時說：「紅西路軍的失敗，主要是張國燾機會主義錯誤的結果。他不執行中央的正確路線，他懼怕國民黨反動力量，又害怕日本帝國主義，不經過中央，將隊伍偷偷地調過黃河，企圖到西北去求得安全，搞塊地盤稱王稱霸，好向中央鬧獨立。這種錯誤的路線，是注定要失敗的。」少林西路軍的結局也很類似。

④ 陳國光. 正確闡明新疆伊斯蘭教發展歷史[J]. 新疆社會科學, 1998(5):68–77.

⑤ 學習型組織（Learning Organization），美國學者彼得．聖吉（Peter M. Senge）在《第五項修煉》（The Fifth Discipline）一書中提出此管理觀念，企業應建立學習型組織，其涵義為面臨變遭劇烈的外在環境，組織應力求精簡、扁平化、彈性因應、終生學習、不斷自我組織再造，以維持競爭力。

⑥ 宮白羽（1899－1966），著名武俠小說作家，原名萬選，改名竹心，原籍山東東阿，是活躍在三四十年代的中國武俠小說作家，1928年來到天津，長期在報社、電訊社任職。1938年，宮白羽因在《庸報》連載《十二金錢鏢》一舉成名。同年他創辦正華學校，次年創辦正華學校出版部。晚年致力於甲骨文和金文的研究。宮白羽作品包括：《十二金錢鏢》、《武林爭雄記》、《偷拳》、《血滌寒光劍》、《聯鏢記》等。他的武俠小說作品並被稱譽為「北派武俠小說四大名家」之一，與鄭證因、還珠樓主（李壽民）、王度廬齊名。

第九章　倒楣父子兵　碧血

說起倒楣父子兵，大家第一個想到的應該是慕容父子，不過他們也不算太倒楣，畢竟還是輝煌過一陣的。其實最倒楣的應該是張信父子。張信，大家對他可能真的沒有印象了，還好他有個叫張朝唐的倒楣兒子，對，就是《碧血劍》裡那個倒楣蛋。張朝唐確實是一個比較悲哀的人。值得悲哀的還不是他兩次回中原兩次遇險，而是他兩次回中原的原因和方法。關於張朝唐的描述，我們只知其父是張信，而且在《碧血劍》第一回〈危邦行蜀道，亂世壞長城〉中說是浡泥國——也就是現在汶萊的那督，那個時節的那督不像現在只是個虛名，並無什麼實權，屬於有錢有權的，而且是能夠調動軍隊的，不然如何坐實其祖先造反之名？

詩曰：

浡泥世代為尊官，乃祖教兒甚一般。
中土烽煙聞異域，士人不淑陷危難。
全憑海客傳資訊，幸賴殘兵做保安。
十載讀書無用處，重來依舊膽心寒。

話說第一回〈危邦行蜀道，亂世壞長城〉張朝唐十二歲那一年福建有一名士人成了他的老師，十年後，也就是張朝唐二十二歲時，那老師力勸張信遣子回中土開拓海外市場，嗯應試，而張信也答應了，給了張朝唐一筆啟動資金，再派個小娃子書僮，和老師投奔中土而來，結果死了個老師，若干年後，又把兒子往火山上推，差點又送了小命。張信只有張朝唐一子，就這麼說回國就回國，我總感覺有點奇怪。

張信這個人雖然身為那督，手握實權，但是我們知道他其實也不是憑藉自己的努力當的那督，書中一句累世受封那督，頗有權勢，明顯的告訴我們，他和《鹿鼎》中沐小公爺沐劍聲一樣身居高位都是因為生得好，本身能力就不見得高明了。其先祖本來就不見得高明，教下的子孫就更是一代不如一代了。不高明的人身居高位就會想著弄點事來證明自己的價值，恰好，他有個寶貝兒子，還讀了十年的書，老師還對他讚不絕口，派他到中土應試，弄個功名回去，也是件值得誇耀的事。就算沒弄到功名，畢竟也是出過洋見識過，回去大可說是留過「克萊登大學」[1]的學生，也是有助穩固自己地位的。

想是這樣想的，可是做出來就全走樣了，沒辦法，處廟堂之高，不知江湖之險，像張信這種五穀不分的富N代實在沒有太認真的考慮過如何派兒子回中土的問題。讓小張去應考，總要小張的水平過得去才行，那時是沒有給僑生加分這回事的，單憑老師幾句話的鼓動就把兒子送回中土了，書上講明張朝唐讀書有限的，實在是不好理解為什麼這樣的情形下還派他回中土。同時派兒子打市場嘛，總得了解下市場環境吧？那時是崇禎六年，明之流寇起於崇禎二年，而費信《星槎勝覽》詩中有「取信通商舶」之句，證明浡泥國和中土有商業往來，商人往還所在多有，這中土鬧流寇的消息應該很早的就傳到浡泥國中，也傳到身為政府高官的張信的耳中。作為一個愛惜自己兒子的父親，在這種情形下把自己的兒子派出去磨練也是可以理解的，但不可理解的是連隨員也不給他配多幾個，就這麼讓他們一老二少涉險而去，多少是講不通的。追究原因還是張信這個人的問題，每日裡抱著「中華是文物禮義之邦，王道教化，路不拾遺，夜不閉戶，人人講信修睦，仁義和愛。」的想法，即使聽到流寇的事，也是充耳不聞，這個可以說是一種資訊不對稱②吧。

不對稱資訊是指在市場經濟條件下，市場的買賣主體不可能完全佔有對方的資訊，這種資訊不對稱必定導致資訊擁有方為謀取自身更大的利益而使另一方的利益受到損害。小張遇險這個故事裡搶劫的盜賊沒佔張信的便宜，中土有暴亂的情形兩方面都知道的。說消息阻隔也是不通的後，來第二十回〈空負安邦志，遂吟去國行〉張朝唐再歸說一個多月前，聽得海客說起，闖王李自成義軍聲勢大振，所到之處，勢如破竹，指日攻克北京，中華從此太平。可見資訊傳播的遲滯最多就一個月，曼谷示威各國政府都要發旅遊警告③，身為尊官，張信反而把兒子送入險地！除了客商的話，張信也可以從來自中土的客商減少乃至不來推斷出暴亂的情況其實越來越嚴重。所以子曰：「二三子以我為隱乎？吾無隱乎爾。吾無行而不與二三子者，是資訊也。④」面對這個重要的資訊，張信採取一種視而不見的鴕鳥政策，究其原因，可能是要他相信這一事實會令他對中華是文物禮義之邦的想法造成不能承受的重的衝擊吧？同時他又以浡泥國以前發生叛亂的情況作為參考來推斷萬里之外發生的事情。這也是一個錯誤，這個就類似現實主義者指責自由主義者犯的錯誤把決定建基在應該是（what it should be），而不是實情是（what it is）上。總之張信用主觀願望，代替客觀事實作出行動決策是個無法否定的事實，對家事如此，對國事就更不用說了。

最大的不對稱資訊是對小張學力的判斷上，這個事件上，福建士人就大佔張信的便宜了。福建士人在這件事上具有話語權，於是利用自己的話語權鼓動張信讓兒子回鄉。福建士人先經商，後教書，多少和中土的客商有點聯繫，後來的楊鵬舉每日當差一兩個時辰，餘下來便是喝酒賭錢，甚是逍遙快樂，福建士人工作量也不大，自然有很多時間和中土來人閒聊吹水，中土的不太平應該也早有耳聞，福建士人居然還慫恿張信讓兒子回中土應考，那應該有什麼私人理由了。

關於福建士人的年齡書上沒詳細說，只說他屢試不第，棄儒經商。所謂不第者那是考不中秀才以上，明清之際三年秀才一考，屢試不第，那起碼是要考他十次八次的，然後才會心灰意冷的棄儒經商。如果考他八次就是二十四年了，算他十歲上考起，棄儒經商也是三十歲上的事，經商幾年把資本敗光，而後再教他十年書，那也就接近五十歲了，人口學家推算，中國古代人口的平均壽命可達五十七歲。福建士人這個時候可以算垂垂老矣，再不落葉歸根恐怕要客死異鄉了，所以福建士人慫恿張信的目的很明顯，那是刮一筆，然後衣錦還鄉。不曾想，張信這個羊牯就信了，唉，倒楣的傢伙。

就這樣我們同樣倒楣的張朝唐就會到中土歷了次險，還好那個不顧專業操守的士人也在路上受了報應。不過這一次對張朝唐來說只能算是遇人不淑，而十多年後張朝唐重臨中土，那就是咎由自取了。話說張朝唐有了第一次的經驗，應該知道做市場必須對市場資訊有充分的了解。一個多月前聽說闖王李自成指日可以攻克北京就趕來了，難道張信這當官的不知道由亂而治必須經過一段時間的嗎？即使是一個多月前就攻克北京，天下也不見得就太平了，總要等秩序恢復，聽到開科取士了再來。市場資訊的來源眾多，那時沒有報紙，沒有互聯網，可是除了海客，總還可以先派個人回來探聽下的吧？居然什麼準備功夫也沒做就又把兒子送回中土了。四月二十一日，李自成的大順軍與吳三桂戰於一片石，張朝唐遇上袁承志那是之後的事了，然後才是李岩的死亡。張朝唐考的是秀才，那是鐵定要在春天考的，早就過了考期，怎麼就這麼罔顧權威部門的資訊披露，又跑來充這個大頭鬼呢？即使是充冤大頭也應該吸取教訓吧？這次回來居然又是三人行，其中還要有個斷了三指的殘疾人士楊鵬舉，而這個殘疾人竟然是他們的主力，哦，我的天！！經一事不能長一智，這是張家父子的問題了。十年呢，張朝唐已經由青年成為中年，而做事依然如此幼稚，或許他是把年紀活到狗身上了。即使他飽受溺愛，未經世事，可他的父親張信呢？難道他也把年紀活到狗身上了？看來這張家父子和丘處機倒是二文一武，一前二後交相輝映了。還好張信這官不算太大，只是有點權勢，否則我真的要替渤泥國的人民擔憂了。

註釋

① 「克萊登大學」是錢鍾書先生小說《圍城》裡虛構的騙子學校。

② 資訊不對稱（information asymmetry），指參與交易各方所擁有、可影響交易的資訊不同。一般而言，賣家比買家擁有更多關於交易物品的訊息，但相反的情況也可能存在。

③ 紅衫軍於2010年4月份開始集結於曼谷百貨公司、高級飯店聚集的商業區（Rama I 路週邊）及金融區（Silom路週邊）附近，百貨公司及飯店停止營業超過一個月，曼谷高架電車及地鐵亦停止營運，公車也因此停駛或改道，衝突迫使部份國家關閉大使館並發出旅遊警示。

④《論語・述而第七》子曰：「二三子以我為隱乎，吾無隱乎爾，吾無行而不與二三子者，是丘也。」

第十章　戰術方為大問題　神鵰、笑傲

論起戰術，我最欣賞的是一套傳承時間最長本土武功，這套武功是策略和戰術的緊密配合。後世模仿的很多，但大多畫虎不成反類犬。這套武功出現時間幾不可考，第二次現身已經是南宋末年了，因為北宋時期的《天龍八部》並無此一武功的身影，有人懷疑該武功出自北宋末年到五絕時代前一二百年，但我認為出現時間可能更早。你沒猜錯，這就是獨孤九劍了。

詩曰：

戰術方為大問題，首重策略莫癡迷。
開元河朔稱英傑，峭壁高山唯石梯。
屈指岱宗多不足，獨孤策術兩皆齊。
時無抗手埋幽谷，一味剛強劍易折。

關於劍魔獨孤求敗的生年，金大俠沒有給出明確的指引，但是也有人從神鵰的年紀，以及五絕對他的無知上認為獨孤求敗可能和黃裳同時代，不過神鵰既然為神，壽命再長也是可能的，單憑五絕對他的無知，我們只可以認定獨孤求敗活動時間在五絕之前百年以上。不過金大俠實際上也給了我們一個獨孤求敗活動時期的提示——就是《神鵰》第二十六回〈神鵰重劍〉中的劍了，那把腐爛的木劍告訴了我們獨孤求敗的活動時代。在自然狀態下，竹、木製品或絲綢都很容易朽爛，俗語說：乾千年，濕千年，不乾不濕只半年。讓我們看下埋劍的環境，那峭壁便如一座極大的屏風，沖天而起，峭壁中部離地約二十餘丈處，生著一塊三四丈見方的大石，便似一個平臺，石上隱隱刻得有字。既然離地約二十餘丈，又埋在峭壁的石頭坑裡，石壁草木不生，那必定不是潮濕的了。不過埋得不算深，走點濕氣進去也是可能的，所以保存千年是不可能的，但是說五百年也不過分，所以我們有理由相信獨孤求敗是神鵰前五百年甚至之前的人。楊過於一二五九年打死蒙哥，以一十六年隱居期推算，楊過第一次到襄陽附近劍塚，應在一二四二年或一二四一年，再往前五百年那是開元盛世的最後一年了，所以劍魔獨孤求敗很可能是唐朝的古人了。這一算獨孤九劍從唐朝傳到笑傲的明朝傳了近千年，流傳時間之久除了少林七十二絕技和《易筋經》武林中再無抗手。同時獨孤九劍還是我國自主研發的，比來自天竺的少林武功還牛。

這套武功牛，牛在他是策略和戰術的完美結合。《笑傲》第十回〈傳劍〉風清揚說：「『料敵機先』這四個字，正是這劍法的精要所在，任何人一招之出，必定有若干徵兆。」書中還有：「於是將這第三劍中剋破快刀的種種變化，一項項詳加剖析」的字句。這就是說獨孤九劍在出手前就將對手的所有出招的徵兆都弄清了，然後再見招破招。簡單點說就是在事前就對整個市場做了一次PEST①的分析，歸納簡化到戰術之中。有人問為什麼不是五力②或SWOT③?因為獨孤九劍沒有分析自身的狀況，所以不是這二種，道理就這麼簡單。這是一個劃時代的創舉，在武功中絕無僅有，難怪沒人能逼他回劍防守了，也因為沒有防守的必要，所以不必再去分析自己。

這個做法在戰術應用上給我們的啟示是，無論採用什麼方法和對手爭市場，市場環境一定要先弄清楚，PEST不可不做。當然有人會問用SWOT和五力是不是更好?答曰：「胡鬧」。原因很簡單，在制定策略的時候這兩個方法已經做過了，這時候再做除了浪費時間——如果制定策略的時候的分析沒錯的話。這還是不懂SWOT和五力的用途，這二個是策略面的工具，不是戰術面的工具。舉個例子，對手做了個廣告或者促銷活動，你的公司要做點事來反擊，那是不可以用SWOT來搞的，SWOT出來的東西很可能就是一個針對對手反其道而行的廣告或者促銷活動，可是先不管應不應該和對手搞同樣的東西，廣告也好促銷活動也罷，針對的應該是你的客戶啊!畢竟對手的東西是針對他的目標客戶群，是根據他們的整體策略而來的，用SWOT來分析對手戰術出來的東西例如廣告，很大可能就是一個針對性的廣告，而廣告的受眾根本不是你們公司的目標客戶。可是針對對手的戰術有很多種，對付對手的廣告，可以是搞個促銷活動，贊助什麼公益活動提升公司的知名度等等，而拍個針對性的廣告，可能根本不配合你公司的整體策略，不是你公司的目標客戶群——如果你和對手的目標客戶不同的話，這將是一個極大的浪費。

獨孤九劍的成功在事先計算清楚。其實《笑傲》中還有一招模仿得很差的招數，這就是《笑傲》第三十三回〈比劍〉中泰山派的「岱宗如何」，這一招可算得是泰山派劍法中最高深的絕藝，要旨不在右手劍招，而在左手的算數。左手不住屈指計算，算的是敵人所處方位、武功門派、身形長短、兵刃大小，以及日光所照高低等等，計算極為繁複，一經算準，挺劍擊出，無不中的。這一招是可破的，起碼魔教長老已經做到了。金大俠沒說如何破，不過我們還可以從這一招，或者說這一戰術的弱點裡求得答案。

那麼這一招的弱點何在？在計算之中，要計算的東西太多了，倘若敵人不等你計算清楚就發動進攻，那就要手忙腳亂了，最後丟掉性命也是可能的。另一個問題是計算的內容了，太過精細化了，從所處方位、身形長短、兵刃大小到日光所照高低，太繁複了，只要敵人挪動下腳步，這計算又得推倒重來，可惜那時還沒發明電腦，不然帶台筆記本，把所有參數輸入答案就有了。不過就算這樣也只能用來對付已知其武功門派的敵人，倘若不知道對手的武功門派，恐怕就算有全世界最強的電腦也是回歸不出OLS④的。

所以真正的戰術必須配合公司策略，同時還要配合市場環境，在這個前提下你還要了解市場上各種可供利用的戰術。風清揚道：「真正上乘的劍術，則是能制人而決不能為人所制。」如何制人而不為人所制？按照獨孤九劍的理論是攻敵必救，不斷進攻。不過世界上的事沒有武林中比武那麼簡單，不論人或公司不可能永遠處於進攻的一方，也有被迫退守的時候，這時候應該怎麼辦？獨孤求敗說：「繼續進攻」，我說：「看下一章吧。在下一章寫出來之前，願主保佑你。」

註釋

① PEST分析是企業檢閱其外部宏觀環境的一種方法。對宏觀環境因素作分析，不同行業和企業根據自身特點和經營需要，分析的具體內容會有差異，但一般都應對政治（Political）、經濟（Economic）、社會（Social）和技術（Technological）這四大類影響企業的主要外部環境因素進行分析。簡單而言，稱之為PEST分析法。

② 競爭戰略之父：邁克爾．波特（Michael Porter）在其經典著作《競爭戰略》中，提出了行

業結構分析模型，即所謂的「五力模型」，認為決定企業獲利能力的首要因素是「產業吸引力」，企業在擬定競爭戰略時，必須深入了解決定產業吸引力的競爭法則。競爭法則可以用五種競爭力來具體分析：行業現有的競爭狀況、供應商的議價能力、客戶的議價能力、替代產品或服務的威脅、新進入者的威脅。這五大競爭驅動力，決定了企業的盈利能力，並指出公司戰略的核心應在於選擇正確的行業，以及行業中最具有吸引力的競爭位置。

③ SWOT分析模型（SWOT Analysis）強、弱、機、危綜合分析法，在現在的戰略規劃報告裡，SWOT分析應該算是一個眾所周知的工具。來自於麥肯錫咨詢公司的SWOT分析，包括分析企業的優勢（Strengths）、劣勢（Weaknesses）、機會（Opportunities）和威脅（Threats）。因此，SWOT分析實際上是將對企業內外部條件各方面內容進行綜合和概括，進而分析組織的優劣勢、面臨的機會和威脅的一種方法。

④ 計量經濟學中，對於線性回歸的最小二乘法（OLS, Ordinary Least Square）。通過最小化誤差的平方和尋找數據的最佳函數匹配。利用最小二乘法可以簡便地求得未知的數據，並使得這些求得的數據與實際數據之間誤差的平方和為最小。

第十一章　獨孤九劍的末日　笑傲（天龍）

戰術是打仗的藝術，商戰自然也有他的藝術。孫子兵法有「夫未戰而廟算勝者，得算多也；未戰而廟算不勝者，得算少也。多算勝，少算不勝，而況無算乎！吾以此觀之，勝負見矣。」獨孤九劍在一定程度上是通過先行計算，知道對方攻擊的徵兆做出反應的。這是獨孤九劍能長期立足江湖的原因。但是把兵法引入商場是我最反對的，商場講的是百年基業，靠的是誠信是一種重覆博弈[1]（Repeated Games）；戰場則不同，要的是一次性擊垮敵人，是你死我活沒有妥協的餘地，是單次博弈（Single Shot Game），所以手段上無所用其極，所以有「兵者，詭道也」的說法。所以商道與兵道相通而不相容，需要決策者小心從事。

詩曰：

九劍全攻鎮武林，三千總訣假高深。
獨孤舊法難超越，太極新招易本心。
六脈遠攻能制敵，五行近困可成擒。
創新尤有葵花在，龍爪針鋒是正音。

獨孤九劍並非全無敵手，《笑傲》時代之前的已不可考，如果我們把獨孤求敗出現時間設定在《天龍》前，則《天龍》時代獨孤九劍的沉寂很可能是他的傳人遇到了無法解決的對抗性武功。《天龍》時代有什麼武功可以對付獨孤九劍？天龍三絕，六脈，降龍和易筋，《易筋經》是內功的事和戰術沒有關聯，降龍只是攻擊性強，唯一只有六脈神劍可能是導致獨孤九劍從江湖上消失的原因。為什麼六脈可以打敗獨孤九劍，這個要結合《笑傲》時代來看，笑傲時代打敗獨孤九劍的是《葵花寶典》上的武功。葵花的速度，六脈的氣劍都是武功上的創新和突破之作。葵花把劍法的速度發揮到極致，六脈也把內功發揮到極致，可以說是專業化的典型代表，是利基市場②的領導者。獨孤九劍雖然全面涵蓋各種武功或者說武器，但是只是一種簡略過的歸納，獨孤九劍面對這二種武功的失敗其實可以看成是多元化被利基市場的專業化打敗的案例。獨孤九劍在天龍前出現只是臆測，並不算太靠譜，金大俠未必肯認同，所以我們還是把分析建立在笑傲時代比較好。

在我看來獨孤九劍對付不了林平之的辟邪劍法是個很大的漏洞，或者說很大的陰謀。辟邪劍法的特點是快，令狐沖見過也對付過東方不敗同樣來自葵花的劍法，在遇上林平之的辟邪劍法時應該已經可以從容應付，可是，當時的令狐沖是怎麼想的，他發現自己對付不了林平之的速度，希望可以找風清揚指點對付的方法。林平之的速度有多快？按道理應該不及岳不群，岳不群的速度又比東方不敗慢。東方不敗和林平之的速度沒有法子推算，但是岳不群的速度還是可以計算出來的。《笑傲》第三十四回〈奪帥〉說「突然之間，白影急晃，岳不群向後滑出丈餘，立時又回到了原地，一退一進，竟如常人一霎眼那麼迅捷。」

一丈約三點三米，一霎眼需時約零點零八秒，在一霎眼間一退一進，就是說零點零四秒移動丈餘，丈餘不好定距離，算一點五丈方便計算。於是我們有：

3.3 x 1.5 / 0.04 = 123.75米/秒

武廣高鐵的秒速也就是一百米/秒，而手槍彈速則在三百至五百米左右，要和東方阿姨打，普通人如你我看來要坐在武廣高鐵上和他/她交手了。林平之速度不及岳不群，但是達到一百米/秒還是有可能的，這樣高的速度，一般來說對手是沒有反應的時間的。當然無論誰突然遇到自己不熟悉的事物，難免手忙腳亂，可是令狐沖有足夠的對付快速進攻的對手的豐富經驗，由開頭的田伯光打起，打到東方阿姨，然後才是速度不如東方阿姨的岳不群和林平之。在和快速進攻對手交手的經驗上，令狐沖即使不是金書第一，也算得上笑傲第一，這樣都虛晃一槍敗下陣來，這就有問題了。林平之和岳不群的對手令狐沖是和速度最快的東方不敗打過一架的倖存者，那時令狐沖似乎也找到了對付快劍的方法，打敗了岳不群。但是岳不群之所以輸那是因為對劍法不夠熟悉，速度也不夠，久攻不下犯了招數重複的錯誤，和《葵花寶典》本身無關。吃一塹長一智，吃了這麼多次虧居然還是讓人給捏了，首先想到是要找風清揚哭鼻子去，像這樣一個風清揚看中的人，不可能這麼差，所以問題就只能出在劍法的本身了。

仔細分析一下我們會發現問題其實不是我們想像的這麼簡單。導致獨孤九劍的失敗其實不僅僅因為對利基市場的忽略，太極劍法作為防禦戰術這一市場的終極波士還不是一樣敗在獨孤九劍的手下，可見利基市場的佔有與否不是獨孤九劍失敗的主因。真正的原因是獨孤九劍本身設定的問題，這套九劍是由難及易，和武林中由易及難的做法相反。這個最高難度就是獨孤求敗武功的巔峰，學會九劍就接近當年獨孤求敗的水平，正因為這樣一時間很多武功達不到孤獨求敗水準的人敗下陣來。可是一旦遇上武功比獨孤求敗高的對手，或者獨孤求敗沒有見識過的武功，獨孤九劍就無效了。所以六脈神劍和葵花的創新武功就給了九劍一個迎頭痛擊，六脈還可能把獨孤九劍壓得抬不起頭來，退出江湖，這情形有點類似在視窗3.1上運行vista的程序，不當機那才有鬼了。

可是為什麼會無效，因為九劍不是學習型武功，所以也就沒有學習曲線的效應。學習曲線效應（The learning curve effect）指的是越是經常地執行一項任務，每次所需的時間就越少。如果九劍是學習型，見識過對付過東方不敗的令狐沖必然可以對付林平之。於是我們從這一缺陷中找到一種可以對付獨孤九劍型進攻的戰術——那就是創新，用以前沒有的方法對付這類專門尋找弱點來進攻的方式。因為新，所以快，在對方找到對付的方法前你已經取得你所要的東西，例如市場，客戶，渠道……。

不過創新並不經常出現，有運氣成分，可操作性太弱，像葵花，六脈這些變態武功幾百年才出一次，把寶全押在這上面也是不對的。但是幸運的是我們還有另外的方法可以對付獨孤九劍型的戰術。所謂戰術，不外進攻，防禦，側擊和撤退四種。對付專門找漏洞的獨孤九劍的進攻可以等對方先出手，要是都不出手就免去衝突的可能。不過有時形勢會逼迫我們先出手，這個時候只能從側擊入手，攻其不救，一旦對方不救你就有佔領人家陣地的可能了。太極和九劍的戰鬥雖然失敗了，但也給我們提供了一個防禦的建議。太極的失敗在於太極本身就是攻守兼備的武功，竟然給沖虛這個混賬變成全守型的武功，不失敗那是不可能的。防禦最好的武功來自《碧血劍》，石樑五老的五行陣應該可以是九劍的剋星。什麼？不能打群架？現在講的是做生意，不是武林中打擂台比武，既然有生意上的聯盟，武林中又有陣法，那麼一起出手又有什麼不對？道學家可能不認同這種做法，那麼我們還可以以攻對攻，這是《倚天》第二十一回〈排難解紛當六強〉張無忌對付龍爪手的方法，金大俠雖然說這方法有點無賴，不過學術上還是可行的，並且有個很好聽的名字叫——快速模仿者（Fast Follower）。當然做個成功的快速模仿者還需要很多東西，這個就要留待以後再說了。只是有了這麼多對付獨孤九劍的方法，一度稱雄江湖的劍法也就在圍攻下沉寂下去，並被遺忘，直到那天金大俠在他的書中提起，這套曾經的高級武功才再次重現大家的眼前。

註釋

① 重複博弈中，每次博弈的條件、規則和內容都是相同的，但由於有一個長期利益的存在，因此各博弈方在當前階段的博弈中要考慮到不能引起其它博弈方在後面階段的對抗、報復或惡性競爭，即不能像在一次性靜態博弈中那樣毫不顧及其它博弈方的利益。有時，一方做出一種合作的姿態，可能使其它博弈方在今後階段採取合作的態度，從而實現共同的長期利益。

② 利基市場（Niche Market）。利基是英文名詞「Niche」的音譯，Niche來源於法語。法國人信奉天主教，在建造房屋時，常常在外牆上鑿出一個不大的神龕，以供放聖母瑪利亞。它雖然小，但邊界清晰，洞裡乾坤，因而後來被引來形容大市場中的縫隙市場。利基市場指向那些被市場中的統治者／有絕對優勢的企業忽略的某些細分市場，利基市場是指企業選定一個很小的產品或服務領域，集中力量進入並成為領先者，從當地市場到全國再到全球，同時建立各種壁壘，逐漸形成持久的競爭優勢。

第十二章　市場恐怖主義——俠客陰謀　俠客行

俠客島名義上是一個從事教育工作的機構，但同時又自我宣稱負有安定武林秩序的任務。教育工作很好安排，至於安定秩序就很有意思了，這裏面其實隱藏著一個鮮爲人知的陰謀。

詩曰：

安排探子數繁星，壟斷江湖耳目靈。
巴赫僞圖當誘餌，市場真懼露原形。
中原無首坑灰冷，海外讀研創意停。
樹倒根基依舊在，江湖從此不安寧。

對於當時的武林中人來說，俠客島是一個事實上的武林霸主。霸主地位其實是很難長期維持的，就像市場壟斷一般，除非有無法跨越的門檻，或者政府的支援，不過俠客行的設定裏是沒有政府的（不過政府卻又隱藏其間），所以俠客島的壟斷是有一個別人跨越不了的門檻。俠客島的壟斷據說來自兩位島主在某一無名小島上的山洞裏發現的前人留下的武林哥德巴赫猜想（Goldbach Conjecture）①。不過對於這一山洞裏的俠客猜想我並不以爲是前人留下的！

俠客猜想應該是十分精深並可以引人入迷的武功，對這一武功每人有自己的解釋。幾乎所有上島的中原武林人士都為之癡迷，一旦見到就不願離開，連臘八粥大會也不參加，同時對圖解的解釋各不相同！然而我們同時見到島主的徒弟們對這些武功擁有免疫力，還有時間在江湖上打聽訊息，如果是一兩個人有免疫力也就罷了，現在是幾乎所有弟子以及龍木二島主都對此有免疫力。而來自中原的就只有狗雜種對這一猜想有免疫力，這麼一個低概率事件實在令我們懷疑其中存在著什麼陰謀？刺探機密需要大量人手和時間，這些俠客島的人長期在中原工作，但又並不參與島上的學術研究（我懷疑開頭的時候有丐幫的幫助，幫他們收集資料）。太玄經有類似海洛因的作用，但這批探子並未沉迷，這是一個令人費解的謎團。只有一、這批人武功太差了解不到《太玄經》的奧秘，或者二、太玄經本身就是一個騙局，只是龍木二島主推測出來的武功，類似乾坤大挪移第七層？做探子那是很危險的工作，人在江湖飄，肯定要挨刀②，武功肯定不能差，所以後者的成分居多。

我們懷疑俠客猜想是龍木二島主搞出來的，俠客行上的武功是龍木二島主共同研發的，而最後一部分的蝌蚪文則是龍木二島主的最終猜想，這一猜想只是理論上可行——龍木二島主也沒有足夠的內力來證實，畢竟沒有人能擁有高出龍木二島主相加的內力來印證。龍木二島主在蝌蚪文石壁出現就是說他們對前面石壁的內容已經取得一致意見，但這違反了每人理解不同的先決條件！所以只有俠客猜想是龍木二島主搞出來的，並且這些武功已經授予他們的徒弟才能解釋上面的疑點！

明白了俠客猜想是龍木二島主炮製的武功，我們就可以解開心中關於龍木二島主的徒弟不沉迷於武功，而有閒暇在江湖收集情報，編造賞善罰惡簿，執行賞善罰惡的原因。然而這樣的俠客島也只是有了壟斷江湖的能力而已，真正令俠客島壟斷江湖的並不止於此。龍木二島主是很有憂患意識的人，明白雖然他們的武功蓋過武當少林，但是武功的優勢是不可能持續的，一旦他們以自己的武功稱霸江湖，過不了多久就一定會有人發明更高明的武功，迅速取代俠客島的霸主地位。即使沒有新的武功出現，不服俠客島管治的門派也可能會揭竿起義。

事實上靠嚇也是一種有趣的營銷策略，例如政府的反吸煙，反貪污廣告。對於這個研究最出名的是雷爾和維奇（Ray and Wilkie）（1970）③的結果，那就是恐嚇到達一定程度就會有反效果。不過對於這樣的問題，龍木二島主用了一個方法來解決。這個方法就是編造俠客行武功，並以此爲誘餌將各門派的首領引誘到島上，來個釜底抽薪，這一來中原的大小門派群龍無首，就沒有人來反對他們了，這也就是爲什麼被請到島上的都是各大門派的掌門。

這個把各大小掌門請走的方法可以使江湖上群龍無首，不至於出現反俠同盟。同時各派首領的離去，如少林武當的掌門離開使這些門派無暇顧及本身市場，這就爲俠客島搶佔市場留出空位來了，空位固然有，消化起來還是需要時間的，所以俠客島採取了一個十年一度的市場擴張計劃，以圖穩步發展。不過有市場的地方就有競爭，爲了防止競爭者的出現，俠客島對所有潛在競爭者採用武林恐怖主義以殘酷的手段加以消滅。按《俠客》第十三回〈舐犢之情〉所記這四十年間被消滅的有名有姓的有鐵叉會、川西青城派掌門人旭山道長、渝州西蜀鏢局的刁老鏢頭、五臺山善本長老和崑崙派苦柏道長。俠客島初臨那一年，被害死的掌門人、幫會幫主，共有一十四人，第二個十年不肯赴宴的三個門派、兩個大幫，上下數百人丁被殺得乾乾淨淨。峨嵋派的三長老出面，邀集三十餘名高手，反對俠客島的市場恐怖主義，結果這些人的門派和家人也被殺害。這一事件後來被稱爲武林或市場反恐戰爭。由於第一次反恐戰爭的失敗，第三個十年，市場參與者被迫屈從俠客島的白色恐怖④，到了俠客島充當人質，石清在講這段反恐失敗的歷史時告訴石中玉：「我們唯一值得恐懼的是恐懼本身——一種莫名其妙、喪失理智的、毫無根據的恐懼，它把人轉退爲進所需的種種努力化爲泡影。」⑤從此武林市場在恐懼中淪爲俠客島的後院。

另一方面龍木二島主也明白，即使沒有反對他們的聯盟，武林中還是會有新的能克制他們的武功出現。新的武功的出現來自於創新，爲了延緩新武功的出現，龍木二島主分遣下屬，在江湖上打聽訊息，一旦發現有創意的人材就把他們請到俠客島上，美其名曰讀研，實際上是剝奪了這些人創新的土壤，而即使他們在俠客島上繼續搞創新那也不要緊，因爲創新是在俠客學院進行的，如果創新成功，龍木二島主就成爲該項創新的版權持有人了。

爲了維護俠客島在江湖上的霸主地位龍木二島主向中原派遣了大量下屬，其中一個目的是打聽創新訊息，以及各武林人士的反恐動態。我們可以肯定江湖上有大量的俠客島的間諜，這些人其實已經滲透到各門各派。通過這群人俠客島不僅影響了江湖的進程，並利用這些人掌握了江湖的一般動向，進而控制了整個市場近四十年。有人認爲石中玉破解了武林哥德巴赫猜想之後，俠客島對武林市場的壟斷已經被打破了。其實這不過是個美麗的誤會，我們知道最後的俠客島主動向中原的市場參與者提供援助，而這一援助也被中原市場的參與者自願或不自願的接受了，這證明俠客島的中原武林市場的壟斷還將持續很長一段時間，起碼直到各派恢復元氣並把門派中的俠客島的間諜清除之後，這時被俠客島壓制許久的中原武林中或許才會再出現一絲反恐的呼聲。

註釋

① 這個問題是德國數學家哥德巴赫（C. Goldbach，一六九零——一七六四）於一七四二年六月七日在給大數學家歐拉的信中提出的，所以被稱作哥德巴赫猜想（Goldbach Conjecture）。今日常見的猜想陳述為歐拉的版本，即任一大於2的偶數都可寫成兩個素數之和，亦稱為「強哥德巴赫猜想」或「關於偶數的哥德巴赫猜想」。

② 「人在江湖飄，誰能不挨刀？白駝山壯骨粉，內用外服均有奇效。挨了刀塗一包，還想再挨第二刀，閃了腰吃一包，活到二百不顯老。白駝山壯骨粉，青春的粉，友誼的粉，華山論劍指定營養品，本鎮各大藥鋪醫館均有銷售，購買時，請認準黑蛤蟆防偽標誌，呱，呱……」國內電視劇《武林外傳》的經典台詞。

③ Ray, M. L. and Wilkie, W. L. (1970). Fear: The Potential of an Appeal Neglected by Marketing. Journal of Marketing 34(1), 54-62.

④ 白色恐怖，指由體制方所發動的恐怖活動。來源：一八一五年波旁王朝（路易十八）復辟後，重新恢復統治實施白色恐怖，設立軍事法庭和特別法庭，審訊大批的革命者。

⑤ 美國總統富蘭克林・羅斯福就任演講。

第十三章　間諜時代　天龍

大略來說，武俠小說是成人童話，講的是義氣深重，信用昭著，然而也不免有和大家印象不合的時候，勾心鬥角固然有之，偷呃拐騙也在所難免，要說這種種行徑，大家可能以為笑傲這本金大俠說的政治書已經登峰造極，然而這也只是一種先入為主的偏見而已，其實早在金大俠的武俠時代的開頭，這一切已經存在，只是被大家華麗的無視了而已。

詩曰：

五國紛紛難一統，其間有諜走匆匆。
如何天竺雙星亮，不及蓬萊一海風。
半世少林長執掃，百年復國想不通。
慕容可笑空名博，困守藏書做蛀蟲。

金大俠真正的武俠時代開始於北宋的《天龍八部》，阿青是翻譯本並非原創，《越女劍》採自「卅三劍客圖」，揉合翻譯《吳越春秋》、《藝文類聚》、《劍俠傳》、《東周列國志演義》及《越絕書》第十三卷《外傳．記寶劍》等書而成。不在其列，而天龍時代正式拉開金大俠的武林的帷幕。同時被拉開的還是一個頗有意思的間諜時代，這批武林間諜來自不同國家，不同民族。第一個登場的間諜是鮮卑族的慕容博，藏身少林，盜走七十二絕技；第二個出場的是蓬萊派的海風子道長，然後才是諸保昆。當然間諜並不是中華上國的特產，接著出場的還有來自天竺的雙星，不過外來的和尚不會念經，居然給人抓現行，比蓬萊派海風子和諸保昆差遠了去。更加不要忘記的是我們還有兩個隱形間諜，這二位就是無崖子和李秋水，想一下，他們收集天下武功，除了明偷自然是暗搶，這暗搶也就十分的間諜了。當然我們也不能漏了一個最大的間諜組織——少林！他們少林有一個研究各派武功的機構——般若堂，這個般若堂收集天下武功，往大處說也算間諜組織，好在他們只記人家的招式，並沒有去偷人家運用的法門，和我們從報紙電視了解商業對手的策略的做法並無分別，所以並沒引起任何風波，也未為武林中其他門派杯葛。倒是天龍中隱伏的另外二大間諜值得一說。

這個時代最大的間諜不是誰，正是我們的老清潔工。我們知道老清潔工四十二年前到達少林，而他居然又很了解小無相功這個逍遙派的密傳內功，可見他和逍遙派多多少少有點關係。《天龍》第三十二回〈且自逍遙沒誰管〉——康廣陵道：「師叔，你何必不認？『逍遙派』的名字，若不是本門中人，外人是決計聽不到的。倘若旁人有意或無意的聽了去，本門的規矩是立殺無赦，縱使追到天涯海角，也要殺之滅口。」可是《天龍》第四十三回〈王霸雄圖，血海深仇，盡歸塵土〉——那老僧又道：「本寺七十二絕技……明王所練的，本來是『逍遙派』的『小無相功』吧？」清潔工既然知道名字又沒死如非逍遙派中人是說不過去的，更兼還知道除了逍遙派沒人知道的小無相功。所以我們可以估計清潔工是無崖子師叔或師伯的徒弟，甚至是他師父後來收的小師弟。

還是讓我們看下無崖子四十多年前的事吧，那時無崖子和李秋水在無量山，而後無崖子鵰出玉像和李秋水鬧別扭分手，又在三十年前無崖子被丁春秋暗算。四十二年前，應該是無崖子和李秋水仍然在無量山的時候，那時他們收集各派武功，這其中只少了降龍十八掌，六脈神劍和《易筋經》。問題來了，少林除了《易筋經》還有七十二絕技，書上沒說收集不到很遺憾的話，那麼是得到了。從哪里得到？必須是少林，誰去少林偷？童姥是不會幫這個忙的，無崖子和李秋水又在大享清福，能當起這個任務的人物就只有清潔工了，估計是無崖子以掌門身份命令清潔工去少林偷七十二絕技的。老清潔工也順利的偷到了，還抄了副本給無崖子，同時清潔工也順便練起七十二絕技。結果是又一明王，還好老清潔工遇上老老清潔工（這是個籠統的說法，老老清潔工可以是幹別的工作的）。這一來老清潔工也就留在少林化解他的武學障，而且後來無崖子被暗算，顧不上這個師弟（稱為師弟好像不妥，但在沒有更好的名稱和解釋下先這麼用吧。），沒有掌門的命令，老清潔工也不好離開少林，於是就留在少林養老，直到四十二年後才跳出來裝神弄鬼。所以老清潔工絕對是金書第一隱藏間諜，而且還是最成功那個，畢竟我們也要多方求證才能發現他的真面目，而在當時他確實逃過了法律的制裁。

另一個間諜，準確的說應該是一群間諜來自慕容世家，包括了慕容博和他的父，祖在內的一群人，合數代人之力搞的還施水閣圖書館，你道館裏的藏書都是慕容世家在地攤上十塊錢一本買回來的？如果他們沒當間諜，那麽還施水閣就沒有那麽多藏書了。只是這個或者說這群間諜可以說是金書最失敗的間諜了。為什麽這樣說呢，他們圖謀的是復國，搞這麽些秘笈幹什麽？莫非還真以為練好武功，當武功天下第一時就是復國成功了？要想復國你得有兵，有將，有錢！

慕容博倒是明白人，知道要復國必須亂中取勝，唯有天下大亂，他們慕容家才有機會，於是搞了個雁門關伏擊戰①，結果戰術成功，但戰役失敗，要假死避禍。慕容博雖然可能是慕容世家最明白的人，但卻不是慕容世家最有頭腦的人，他不明白啊。不明白慕容世家最大的競爭優勢在那裡，慕容世家最大的競爭優勢不在武功上，而在資源上。而這資源就是還施水閣裏的藏書，如果可以復國，即使拋棄整個還施水閣又有何妨？這麽簡單的道理都沒弄懂，難怪他最後會走上當間諜的老路。實際上想引發戰亂，還施水閣裏的藏書是最厲害的武器。蓬萊派和青城派有積怨，慕容博要是把記載青城武功的書給了蓬萊派，就可以收服蓬萊派；然後秦家寨五虎斷門刀失傳了五招，慕容博要是以這為交換又可得到一支私人武裝。而武林中各門派都有這樣那樣仇怨，如果能公開其中某些藏書給某些門派，必然可以得到他們的支援，同時又在武林中製造仇殺和混亂，又何必等到宋遼開戰才來渾水摸魚？到時只需慕容世家登高一呼馬上就可以拉出一支隊伍建立自己的政權了。雖說時勢造英雄，可是真正的英雄還是要自己創造時勢的。可惜啊，慕容博的商業管理學讀的不好，就是沒看透其中的道理，非要等到時勢出來了再來當英雄，一味守著藏書當其蛀書大蟲，平白的錯失了不知多少復國的機遇。

註釋

① 抗日戰爭時期，八路軍第120師第358旅第716團在山西省代縣雁門關地區對日軍汽車運輸隊進行的伏擊戰鬥。八路軍第120師切斷了日軍由大同到忻口的交通補給線，同時第115師打擊了蔚縣至代縣的日軍交通補給線，使進攻忻口日軍的彈藥、油料供應瀕於斷絕，攻勢頓挫。忻口會戰前敵總指揮衛立煌在戰役結束後曾對周恩來說：「八路軍把敵人幾條後路都截斷了，對我們忻口正面作戰的軍隊幫了大忙。」

第十四章 武林秘笈那方尋？射鵰、神鵰、笑傲

武林秘笈算是每個武林中人夢寐以求的東西了，強如鳩摩智、逍遙三老、五絕等的武林高人都不例外，為了獲得秘笈可都是拚死覓活的，不過秘笈得到了，同時秘笈也就退出了歷史舞台。這些退出歷史舞台的秘笈重要的包括六脈神劍、逍遙派的大部分武功、《九陰真經》、九陽真經、太玄經、《葵花寶典》等等一大批劃時代的超級秘笈。那麼秘笈到底發生了什麼事？竟然從我們眼前消失了，像劃過天際的流星，一閃而滅！然後我們突然懷疑自己是不是眼花了。（按：小說是虛擬的，現實自然沒有，但是在金庸的武俠的最後時代的雪山飛狐我們確實沒有見到這些武功的出現啊！）

要討論這個問題，我們必須選來歷分明的秘笈，所謂鑑往知來也。適合這個條件的只有《九陰真經》、九陽真經和《葵花寶典》了。《九陰真經》是非常重要的一部著作，是作者黃裳歸納了古來道門的武功弄出的橫空出世之作。其書就如亞當・斯密的《國富論》①把經濟思想學派的優點都吸入進了自己的體系，同時也系統地披露了他們的缺點。九陽真經反其道而行，算得上是凱恩斯的《就業、利息和貨幣通論》（The General Theory of Employment, Interest and Money，簡稱

《通論》）[2]。至於《葵花寶典》大概只能以貨幣學派[3]做比了（雖然葵花給人印象不好，用作比喻有點不倫不類，但事實葵花也是一大創新，問題出在爭奪者身上，和原著無關，渡元學了葵花也並沒有為禍武林，所以是人的問題不是書的問題！）

詩曰：

武林秘笈那方尋？出世橫空數九陰。
太極流傳存絕技，葵花不覓惹沉吟。
創新不散推行晚，林岳無功滅頂臨。
剽竊前賢稱己出，九陽賴此有餘音。

這幾部劃時代的著作無一倖免的失傳了。鼎革老大在他的《今風細雨話經濟》中就中國自十五世紀以來科技創新衰落，最終在十九世紀被歐洲全面超越的解釋中，提到過這麼一個事實：「工匠為了維護本作坊的高效率，對這些技術公式絕對是傳男不傳女，傳長不傳幼。為了保密起見，用美輪美奐的複雜紋身來記錄這些計算公式，確實是攜帶方便又美觀大方。但是，一旦社會動亂，男丁在戰場上被打死，屍體又沒幾個能裹著馬革回來，家族工匠的技術秘密就失傳了。於是中國人就要等那些閒雲野鶴（兼沒有版稅）的古代科學家把這些公式再碰巧發明一遍。」不過這個傳男不傳女，傳長不傳幼的理由用來解釋武林秘笈的失傳還是不足的。畢竟前面提到的那幾個秘笈都有為數不少的傳人，這麼就失傳了實在是很低概率的事件。按我的看法，凡是低概率事件就有陰謀存在，就可以陰謀下！

事實上這三部書，《九陽真經》是最幸運的了，六陽是陽之極，都去到九了多出那三個其實是陰，陰陽調和不缺火，逃過一劫。《九陰真經》差點被燒（陰極陽生，好在只是少陽，沒燒起來），《葵花寶典》就最慘了，給燒掉了，沒辦法改錯名字了，葵花就是向日葵，既然向日不被燒就沒天理了。原來不單人不可改錯名，書也不可改錯名。只是不論書的結局如何，書的內容可都傳了下來，怎麼會百年未過《九陰真經》的武功就沒人知道了？（終南山後是個例外，統計學上是不算的。）

照我的看法，這些秘笈並未失傳，只是通過技術採納和技術擴散流傳下來或失傳的。武功的擴散和技術擴散一樣要有人採納，採納的人多了技術或武功就流傳起來了。按照Everett Rogers在他一九九五年的第四版《創新的擴散》（Diffusion of Innovations）提出的創新的知覺特性理論（Perceived Attributes theory）創新被接納首先決定於他的可試性，然後還有效果的可見性和相對其他技術的優越性以及學習的難度。作為最慢「失傳」的《葵花寶典》（傳了三百多年），首先就通不過可試性這一點，效果雖然可見，但是遇上獨孤九劍，相對優越性是沒有了，學習的難度因為要自宮就不必說了。所以失傳也是很合理的。畢竟按Everett Rogers的分法，採用新技術的過程分成五個階段，分別包括創新者、早期採用者、早期大眾、晚期大眾與落後者。上述五個階段的佔整體使用人數比例分別為2.5%、13.5%、34%、34%、16%。整個武林人數雖多，真正的創新者就東方阿姨，渡元（這個還是隱形的），以及後來的岳不群、林平之以及左冷禪和他幾個門下弟子而已，不要說2.5%，連0.0025%都及不上。所以失傳是意料中事。

《九陰真經》和《九陽真經》的情形就有點複雜了，作為武林歷史上第一部集大成之作，《九陰真經》如果真的全部失傳了，會令讀者很生氣，後果很嚴重。不過《九陰真經》確實經歷了幾次失傳危機，《神鵰》第七回〈重陽遺篇〉王重陽這個小人讀通了，拿來欺負故去的女友後，《射鵰》第十六回〈九陰真經〉就想燒掉那次不算，全本傳人大俠郭靖的死亡才是失傳的危機。比較幸運的是《九陰真經》的技術採納量比較高，可能已經到達早期採用者這一階段，郭靖雖然沒能裹著馬革回來，其他人還是裹著馬革回來了。《倚天》第十五回〈奇謀秘計夢一場〉中出現的朱長齡、朱九真父女是朱子柳的後人，武青嬰，是武三通的後人，屬於武修文一系。武三通和朱子柳都是一燈大師的弟子，武功原是一路。武敦儒、武修文兄弟拜大俠郭靖為師，雖也學過「一陽指」，但武功近於九指神丐洪七公一派剛猛的路子。他們都是一燈一系，一燈得到《九陰真經》總綱，多少會把這個加到自己的武功中，再傳授給徒子徒孫們，所以起碼總綱的某些內容是被保留了下來。同時武敦儒、武修文兄弟拜大俠郭靖為師，師父懂《九陰真經》，雖沒有把《九陰真經》背給他們，但是從《九陰真經》裡面融化出來的東西還是會教的。武修文一系固然被滅，武敦儒一系想來還是在的。郭芙是郭靖的女兒，也是丐幫幫主耶律齊的夫人，耶律齊在襄陽沒死成，郭芙似乎不該獨死，傳承郭靖武功的郭芙也該會點《九陰真經》，其後代雖然沒在武林中揚名露面但我們不能否定他們的存在。所以以為《九陰真經》隨終南山後的毀滅而完全失傳的想法是很傻很天真的，《九陰真經》其實是變著法子以不同的面貌傳了下來的。只是因為不完全，威力不夠大，採納的人沒有再增加，後來才給《九陽真經》取代的。

為什麼《九陰真經》威力強大而未能最終傳承下來？這個就和技術擴散（Technological Diffusion）有關了。技術擴散是一項技術從首次得到商業化應用，經過大力推廣、普遍採用階段，直至最後因落後而被淘汰的過程。一項武功，嗯，技術創新，除非得到廣泛的應用和推廣，否則它將不以任何物質形式在金氏武俠體系產生持久的影響。《九陰真經》的應用和推廣是一種從上到下的模式，金大俠賦予郭靖過短的生命，同時也未讓他建立一個門派，令郭靖無法完成他的推廣工作，新技術和武功都是需要時間來推廣的，電話這一發明就花了七一年才達到50%家庭的採用率！古代的信息傳播太慢了，要讓武功流傳下去需要更多的時間，所以能把武功傳下來的都是些歷史悠久的門派，例如少林。

吸取這一教訓，張三丰和金大俠吵了幾架，據說當時還大打出手，終於活出個妖樣，成了不死老妖，還創立武當派，最後才把《九陽真經》的理論歸納傳承了下來。當然張三丰一直否認自己懂得全部《九陽真經》，不過依然有很多人懷疑老張剽竊，關於老張是否是學術騙子的爭論一直沒有停止過。有人也懷疑這是少林派的抹黑和打壓，不過空穴來風未必無因。郭襄聽覺遠所唸經文雖然顛三倒四，卻也能記得了二三成。老張離開少林時已經十六歲，也會得識文斷字，也讀得佛經，這《楞伽經》想來也是讀過的，自然分得出那些是楞伽經文，那些是《九陽真經》，老張說記了十之五六那絕對是在否定自己的聰明才智，不能不讓人疑雲重重。同時《倚天》第十五回〈奇謀秘計夢一場〉還在講武當長拳時提到當年覺遠大師背誦《九陽真經》，曾說到「以己從人，後發制人」，張三丰後來將這些道理化入武當派拳法之中。所以我們有理由認為《九陽真經》的全部內容已經被老張剽竊並當成自己的發明加入武當派的武功中去。同理無色禪師也得到足本《九陽真經》，但是隨著老張在少林和少林簽訂核不擴散條約，兩家都對《九陽真經》進行了改造，少林是加到《易筋經》中去，武當則改名太極罷。而《九陽真經》也就成了唯一一部傳下來的武林秘笈，只是經分兩頭傳，重點各不同而已。

Reference:
Rogers, E.M.（一九九五）. Diffusion of innovations (4th ed). New York: The Free Press.

註釋

① 《國富論》是蘇格蘭經濟學家、哲學家亞當·斯密的一本經濟學專著。這本專著的全名為《國民財富的性質和原因的研究》（AnInquiry into the Nature and Causes of the Wealth of Nations）。這本專著的第一個中文譯本是翻譯家嚴復的《原富》。一般認為這部著作是現代經濟學的開山之作，後來的經濟學家基本是沿著他的方法分析經濟發展規律的。這部著作也奠定了資本主義自由經濟的理論基礎，第一次提出了「市場經濟會由『無形之手』自行調節」的理論。後來的經濟學家李嘉圖進一步發展了自由經濟、自由競爭的理論；馬克

Number of Years It Took for Major Technologies to Reach 50% of Homes

MP3 Players 6
DVD players 7
Digital TVs 10
Internet access 10
CD Players 11
VCRs 12
Cell Phones 14
Cable 15
Color TVs 18
PCs 19
Radios 28
Electricity 52
Telephones 71

0 10 20 30 40 50 60 70

Sources: Census Bureau, Consumer Electronics Association, National Cable and Telecommunications Association.

思則從中看出自由經濟產生「週期性經濟危機」的必然性，提出「用計劃經濟理論解決」的思路；凱恩斯則提出政府干預市場經濟宏觀調節的方法。

② 英國約翰・梅納德・凱恩斯（John Maynard Keynes，1883年6月5日 - 1946年4月21日）的代表作。1936年出版。認為資本主義不可能通過市場機制的自動調節達到充分就業；提出加強國家對經濟的干預，增加公共支出，降低利率，刺激投資和消費等政策，以實現充分就業。

③ 貨幣學派是二十世紀五十至六十年代，在美國出現的一個經濟學流派，亦稱貨幣主義，其創始人為美國芝加哥大學教授佛利民（MiltonFriedman，一九一二——二零零六）。貨幣學派在理論上和政策主張方面，強調貨幣供應量的變動是引起經濟活動和物價水發生變動的、根本的和起支配作用的原因。

第三部分　丐幫啟示錄

作為金庸特創的一個組織（不是首創），丐幫的發展歷史並不完備，我的工作就是試圖理清其中的脈絡，為以後的研究者奠定基礎。說是理清脈絡，我們又不會花時間去澄清丐幫幫主的傳承體系，研究到底誰是第幾任幫主，這個雖然可以是很有知識性，但是並不有趣。

這部分的重點落在對丐幫組織架構的研究和出現在金大俠書中的各個幫主管理風格的分析上。基本上丐幫的名幫主們都是有特殊才能的傑出人物，但他們的出現只是當時的社會和丐幫的需要，他們的出現雖然能改變當時事件的個別外貌，卻不能改變當時事件的一般趨勢。丐幫從一建立就存在一個很重要的問題——國際化的目標，這一目標間接導致後來的派系鬥爭，並成為丐幫衰落的主要原因。

丐幫由鬆散小集團發展為全國性乃至國際性企業，其實要多謝各位武俠小說大家的努力組織和建立。金記武俠中的丐幫不可能在以前現實社會中出現，這麼大的一個組織上令下達，下情上達就是一個無法解決的制約。當然現在的科技發達，資訊傳遞比以前方便容易了許多，這個管理上的瓶頸已經不再成為太大的問題，也許不久的將來我們可以看到一個全球性的丐幫出現也不一定。讓我們一起來迎接這個將成人童話變為歷史的偉大時刻吧。

第十五章　丐幫啟示錄（一）導論

天龍、射鵰、神鵰、倚天、笑傲、碧血、鹿鼎

丐幫作為金書首創的體系，是個不容忽視的存在，所以有必要對丐幫進行一次深入的研究。在研究之前我們必須弄清楚丐幫的源流。

詩曰：

神龍初現是貞觀，安史兵來緊抱團。
五代洗牌因戰亂，一人行政做長官。
污衣乞丐殘羹少，淨服公關手面寬。
密探招財幫眾享，七公分化惹爭端。

關於丐幫的源起，有一派說法是創自五代，這一說法來自洪七公的一句：「這根竹杖和這個葫蘆，自五代殘唐傳到今日，已有好幾百年，代代由丐幫的幫主執掌，就好像是皇帝小子的玉璽、做官的金印一般。」不過，洪七公並未說這是創幫祖師傳下的，況且乞丐這職業很早就出現了，孟子老先生告訴我們春秋戰國的乞丐還過上美滿的小日子娶上兩個老婆，經歷上千年才出現

乞丐行會──丐幫，這似乎並不合理。射鵰結於西元一二二七年七月，成吉思汗死亡的時候。其時也黃蓉是十九代幫主，洪七公為十八代，按每代三十年算（沒發生意外的汪劍通就當了三十餘年的幫主），丐幫當建立於西元六一八年左右。那個時候正是隋朝末年，天下大亂，流民遍地，在這個動亂的年代，群丐顛簸各地，組成了各地的乞丐團體，後來又形成了一個統一的丐幫也是十分合理的。否則五代殘唐是西元九零七年後的事，到射鵰末最長也不過三百二十年，和《天龍》的北宋在第四十一回〈燕雲十八飛騎，奔騰如虎風煙舉〉經常提到的丐幫有數百年歷史不相符，每位幫主平均在位期不過十七年。鑑於丐幫幫主是終身制，又多是五絕級人物，五絕基本都是百歲不死的人妖，雖然有個別幫主屬於非正常死亡和非正常下野，平均在位期太短了也是很不合邏輯的事，所以我們決定把丐幫出現期設定在南北朝到唐朝統一全國的那一段時間。經過一系列的合併與兼併，在隋末唐初年第一批地方性丐幫組織出現了，形成一個鬆散的丐幫聯合體，首倡其事者，後來被尊為祖師爺。

天龍結於元祐八年（一零九三年），高太皇太后駕崩，哲宗親政。《天龍》第四十一回〈燕雲十八飛騎，奔騰如虎風煙舉〉少林前玄慈說：「莊幫主的話，和丐幫數百年的仁俠之名，可太不相稱了。」數百者起碼三百多年了[1]，加上丐幫不可能一成立就建立起名頭，丐幫組織成員又鬆散，要規範之，還要制度化，然後再在江湖揚名立萬，也要百多年時間，上推四百五十年也就是公元六四三年左右，那是唐貞觀時期，沒有丐幫發酵的條件，再上推三十年那是隋朝末大亂的年代，這才給丐幫尋了個出現的契機。這種情況下幫主三十年一任的假設雖然有點勉強，只好被迫保留了。

從《天龍》上推數百年的安史之亂②時期，第一位真正意義上的丐幫幫主出現，他把幾個地方性丐幫聯合起來，並建立起一定的江湖影響。這個時間到《天龍》後期也有三百多年時間，符合《天龍》第四十一回〈燕雲十八飛騎，奔騰如虎風煙舉〉中關於丐幫和少林有數百年交情的時間。這位幫主武功高強，可能創立了降龍十八掌和打狗棒法。當時的地方性丐幫領導人，在最後合併時將成為各分舵的舵主，和一個由地方性丐幫領導組成的聯合監管機構——長老團。於是丐幫舵主的建制就此形成，但組織還很鬆散的。丐幫除了那些舵主之外，一般幫眾武功不高，高調介入江湖事務實在是力有不逮，當時的集體領導甚至確立了利用丐幫分佈範圍較廣的特點，作為江湖密探，當各大幫會門派（包括少林）的MI6③、CIA④的原則。這位武功高強的幫主活成了人妖，獲得唐朝廷頒發的玉杖，這個玉杖後來成為幫主的著名信物打狗棒。

五代殘唐的動亂對丐幫既是一個打擊也是一個機遇，使丐幫獲得一次重新洗牌清除地方勢力影響的機會，各分舵高管死於戰亂的所在多有，這給幫主一個安插自己心腹，同時為了加強控制，嗯，為了辨別身份等級——大家都是一身破爛衣服，怎麼分級別高低？所以丐幫的授勳制度——掛袋法也出現了，幫主成為當然的授勳者，有了授勳也就有了控制權，而幫主的權杖——打狗棒也在這一時期出現。至此金書的集權性丐幫總算形成。

南北宋時期是丐幫在江湖上建立影響的重要時期。丐幫作為江湖探子，可是一身破爛衣服實在很容易辨認，對打探消息十分不便。沒有人會在狗仔隊的面前，在知道秘密會被洩露的情況下做出任何不恰當行為，或進行任何陰謀。所以周杰倫，周董在狗仔隊面前的行為也是故意的，不過是人家為了許久沒上頭條，希望藉機會上上頭條，提醒各大導演和廣告商，我還在，有工作可以找我。丐幫當然不希望被人這樣利用，為此一個專門的衣著光鮮的乞丐部門——狗仔隊成立了，而這也是淨衣派和污衣派出現的根源。同時狗仔隊還負有丐幫公關的責任，畢竟作為江湖幫派應酬難免，可是誰又願意和衣著破爛，臭氣熏天的人坐在一起？這也是狗仔隊設立的一個目的。狗仔隊的設立有其歷史貢獻，但是後來作為洪七公分化控制幫眾——引發內鬥，然後再出面平定，以確立幫主的威信的工具，使丐幫在長期內耗中走向沒落。

黃蓉不是丐幫第一個引進的人才，耶律齊才是，黃蓉是幫主的徒弟，之前也幫助丐幫立過功。耶律齊當上丐幫的幫主前未曾加入丐幫，能當幫主主要還是因為他是幫主的女婿而已。這是丐幫走向家族化的開始，後世的所謂團頭⑤也是世襲制，我懷疑種因於此。解風之後的丐幫已經由盛而衰，不太值得我們花大時間探討了。

註釋

① 網上有說蕭峰是丐幫第六代幫主，不知是哪裡得到的資料，三百除以六，平均每任幫主要當五十年，倘若幫主是少年英雄還好辦，要是魯有腳那樣近六十歲才當幫主，那不都成人妖了？

② 安史之亂，是唐朝由盛而衰的轉折點。安指安祿山（也指安慶緒），史指史思明（也指史朝義），安史之亂是指他們起兵反對唐朝的一次叛亂。安史之亂自唐玄宗天寶十四年（七五五年）至唐代宗寶應元年（公元七六二年）結束，前後達八年之久。

③ MI6軍情六局全稱英國陸軍情報六局（MI6 = Military Intelligence 6），又稱秘密情報局，縮寫為SIS，代號為MI6。軍情六處（英國負責海外諜報工作的部門），對外又稱「政府電信

局」或「英國外交部常務次官辦事處」。西方情報界把MI6看成是英國情報機關的「開山祖師」，從伊麗莎白的開創初期至今，它和它的前身都是嚴格保密的，也稱秘密情報處，原為英國情報機構海外諜報系統。

④ CIA中央情報局（Central Intelligence Agency, CIA）是美國政府的情報、間諜和反間諜機構，主要職責是收集和分析全球政治、經濟、文化、軍事、科技等方面的情報，協調美國國內情報機構的活動，並把情報上報美國政府各部門。它也負責維持在美國境外的軍事設備，在冷戰期間用於推翻外國政府。

⑤ 丐戶之長也叫團頭。《古今小說·金玉奴棒打薄情郎》：「那丐戶中有個為頭的，名曰『團頭』，管著眾丐。」

第十六章　丐幫啟示錄（二）丐幫小史

丐幫，天下第一大幫，金庸好幾部小說都有提過，《天龍八部》裡掌門主要是蕭峰，後來是遊坦之。射鵰三部曲裡有洪七公、黃蓉、魯有脚、耶律齊和史火龍。這樣一家歷史悠久的民營公司，從北宋起就擁有極大的市場。公司沒什麼政治背景，基本不需要營運資本，分公司遍佈全國，從業人員最多時有幾十萬。生產設備極其簡單，一隻破碗一條打狗棒足矣，員工對企業基本沒有要求，不但不用發工資，還要上繳收入。生產成本幾近於零，利潤極高，屬暴利性行業。正是有這些得天獨厚的條件，該集團公司頑強地在金庸的七部書中經營（《雪上飛狐》中有個興漢丐幫，不過名字有不同似乎已經不是原來的丐幫了，如果算上他就是八部了）。

詩曰：

門派千年數丐幫，建儲引進習為常。
公司家族非重罪，長老私人是硬傷。
女婿契丹扶不起，成員污淨惹衰亡。
乾嘉又出公平法，分拆單幹沒市場。

該集團對員工要求很低，只要是個窮無立錐之地之人就可以。對首席執行長的要求卻很苛刻：要考取特種資格——擁有打狗棒及雙學位——降龍十八掌和打狗棒法，這個有點類似現在的CFA①或ACCA②。這家公司第一個有據可考的首席執行長是北宋汪劍通，不過這人死得早，沒留下什麼業績，倒是為下任首席執行長埋下一顆定時炸彈，迫使下任首席執行長提早退位這點可以一提。算算由北宋至清近千年的歷史，其經營時間之長只有日本一家建於六世紀叫「金剛組」的建築公司可以比擬。

由於每屆董事會領導班子良莠不齊，該公司先後湧現了喬峰、洪七公、黃蓉這樣的優秀首席執行長，也出現過史火龍、解大幫主等泛泛之輩（解大幫主武功還是不錯的，畢竟能發現令狐沖的躲藏處，但可能並沒學過降龍十八掌和打狗棒法，這點不免比前代差多了），而且曾經差點讓楊康、何師我（霍都）、莊聚賢（遊坦之）、假史火龍（癩頭黿劉敖）混成首席執行長。但最大問題出在汪劍通這個人身上，由於他錯誤的為喬首席執行長埋下一顆定時炸彈。最後喬首席執行長被迫辭職，引起丐幫的內部分裂。接任的遊坦之缺乏領導能力，使丐幫成為一團散沙，後經首席執行長九指神丐洪七公努力才重新凝聚起來，但是鬆散久了，公司分成污衣淨衣兩派。雖然經過黃蓉和魯有腳的努力，暫時消除了兩派的爭端。但是到了倚天，由於耶律齊這個首席執行長不具備雙學位——降龍十八掌沒學全，首席執行長當得十分不受尊重——因為是外族，結果壓制不住污衣淨衣兩派之爭，兩派內鬥到了史火龍時代又起，導致該公司漸趨式微，最後居然慘到讓小丫頭史紅石擔任首席執行長。到了笑傲公司市場份額日漸縮小，首席執行長解大幫主能做的事也就是有空沒空到五嶽劍派當當剪綵嘉賓。到了《碧血》，已淪落為街上的一個擺地攤的小販了！發展到清朝，竟然迫使企業精英吳六奇跳槽到台資公司（天地會）。可見派系問題的嚴重影響。

但是丐幫這個企業能夠延續近千年又不是偶然的，這個據說主要得力於他們的首席執行長的產生方法。丐幫中提拔幹部，尤其是選舉幫主，並不一定從職業的乞丐中選出。例如黃蓉是東邪黃藥師的女兒，她當幫主就大大的出乎人們的意料之外。這不僅因為他是女性，而且又是幫外之人，還是一位小姑娘，更主要的是她當幫主與不當幫主對她自己的生活方式毫無影響。後來耶律齊在丐幫的公開招考首席執行長大會上一舉奪魁，似乎這種公開招考首席執行長的方法是一種慣例，要不是這樣其他董事會成員一定會反對這種作法。因此可見丐幫對首席執行長產生方法並沒有什麼嚴格的法規，反而專門喜歡引進人才。所以有人曾經以為這個人才引進是丐幫企業能夠在兩宋壯大的基本原因。

很可惜的是，對這個被引進的人才，丐幫這個企業的董事會沒有意見，但這只是在下任首席執行長得到上任首席執行長的祝福才可以。《神鵰》第三十七回〈三世恩怨〉中著名的少數民族武術家何師我先生（霍都），比武勝利，結果因為得不到黃蓉的祝福，被宣告取消參賽資格和取消生命。可見丐幫的首席執行長產生方式和今天的家族公司類似，都是內定的，公司也是家族式管理，同時喜歡任用私人。這點尤其在史紅石出任首席執行長一事上表現的最為清楚。笑傲中丐幫的青蓮使者、白蓮使者兩位，雖然不姓解，卻都是解幫主的私生兒子，這也是我把武功不錯的解幫主評為泛泛之輩的原因。丐幫這個企業比較特殊，首席執行長不應由引進的人才擔任，畢竟引進的人才多數是有錢的主，對丐幫這個以沒錢人為單位的企業沒有足夠的了解，很容易作出錯誤的決策。首席執行長最好應該由董事會和員工共同選出，同時首席執行長也應該是曾經擔任過公司管理階層職務的人。

那麼丐幫在兩宋交接期能夠發展壯大的原因何在？我認為那是時勢造丐幫，當時戰亂方生，流離失所者眾，由於該公司對員工要求低，所以吸收了大量員工和人才。在這些員工的聲勢和人才的輔助下，公司迅速發展。不過接下來就是吃老本了，好在這世界窮人永遠佔多數，所以一直苟延殘喘到清初，去到乾隆嘉慶，人民比較富足，丐幫失去大量的員工來源就默默無聞了。

認真考證起來丐幫衰弱的責任很多都在黃蓉，黃蓉小聰明太多，大智慧太少。而她最大的錯誤是在接班人的選取上，她先讓魯有腳接任幫主，可明眼人可以看出，魯有腳顯然是個傀儡性的角色，因為他的年紀比黃蓉還要大上二十多歲，又一直在黃蓉手下幹活，當了幫主還是要向黃蓉早請示晚匯報的。後來黃蓉一心想讓自己的女婿耶律齊繼位，耶律齊是個契丹人，雖說此時國難當頭，應當拋棄民族偏見，但讓一個外族人來領導漢族第一大幫，恐怕很難服眾，丐幫的凝聚力和向心力也很難再跟從前一樣。有見及此，耶律齊利用幫內的淨污衣鬥爭，通過確立淨衣派地位的手段來獲取淨衣派的經濟支持建立自己的權威，給人一種官商勾結的感覺。勤於內鬥的丐幫聲勢大減，終於惹來明教對他們領導反抗異族統治的權威的挑戰，爭鬥的結果是明教失落聖火令，而丐幫的耶律齊可能死於這場戰爭，導致降龍十八掌的部分失傳，從此走向衰落。

對於乾嘉以後丐幫的影響消退，有人考究過，認為是當時政府通過公平競爭法的結果。據說通過公平競爭法後，政府把丐幫這個獨佔市場的公司給分拆了，於是丐幫以地區為單位，出現了團頭這一地區領導的職位，其中出名的有武狀元蘇察哈爾璨。但這時丐幫已經由一個有政治影響力，並能利用這種影響力為員工謀福利的大集團，變成依靠政府綜援，以個人為單位的私人企業了。

註釋

① CFA：特許金融分析師（CFA-Chartered Financial Analyst）是由美國投資管理與研究協會（AIMR，Association for Invest-meritManagement and Research）進行資格評審和認定，是一種國際通行的金融投資從業者專業資格認證。

② ACCA（The Association of Chartered Certified Accountants）特許公認會計師公會，成立於一九零四年，是目前世界上領先的專業國際會計師組織，總部位於英國倫敦。ACCA考試是按現代企業財務人員需要具備的技能和技術的要求而設計的，共有十四門課程，兩門選修課，課程分為三個部分：第一部分涉及基本會計原理；第二部分涵蓋專業財會人員應具備的核心專業技能；第三部分培養學員以專業知識對信息進行評估，並提出合理的經營建議和忠告。

第十七章　丐幫啟示錄（三）丐幫衰落考

之前考究丐幫歷史那是由大局出發，很宏觀的說了一通，其實丐幫的衰落除了形勢比人強還是有他內在的原因的，所以這篇就比較微觀的考究一下。

詩曰：

強誇天下有降龍，六掌何由竟失蹤？
耶律不明非正解，靖哥拒教是元兇。
不能儲備人材少，臨急收徒資質庸。
爛果挑桃無制度，火龍未死起煙烽。

說到丐幫的衰落，大概《倚天》是個重要轉折期了，這段時期的事頗足以讓我們以為丐幫的衰落就是從這裡開始，其實事情遠沒這麼簡單。《倚天》第三十三回〈簫長琴短衣流黃〉說，上代丐幫所傳的那降龍十八掌，在耶律齊手中便已沒能學全，此後丐幫歷任幫主，最多也只學到十四掌為止。史火龍所學到的共有十二掌，他在二十餘年之前，因苦練這門掌法時內力不濟，得了上半身癱瘓之症，雙臂不能轉，自此攜同妻子，到各處深山尋覓靈藥治病，將丐幫幫務交與傳功、執法二長老，掌棒、掌鉢二龍頭共同處理。但二長老、二龍頭不相統屬，各管各的，幫中污衣淨衣兩派又積不相能，以致偌大一個丐幫漸趨式微。

事情不是這麼簡單的，《倚天》第二十三回〈靈芙醉客綠柳莊〉，少林被滅，周顛道：「丐幫勢力雖大，高手雖多，總也不能一舉便把少林寺的眾光頭殺得一個不剩。除非是咱們明教才有這等本事，可是本教明明沒幹這件事啊？」可見即使式微勢力還是有的，史火龍癱瘓只是近因而已，未曾傷筋動骨。倒是那降龍十八掌失傳的原因很值得研究。《射鵰》第十二回〈亢龍有悔〉說「郭靖資質魯鈍，內功卻已有根柢，學這般招式簡明而勁力精深的武功（降龍十八掌），最是合適，當下苦苦習練，兩個多時辰之後，已得大要。」招式簡明居然會學不全？學不會的最多是用力的法門而已，記得招式，傳下去總會有人重新弄明白的，連招式都沒學全那就有點問題了，倘若是打狗棒法沒傳下去還情有可原，降龍十八掌招式的失傳就令人納悶了（關於降龍十八掌和打狗棒法失傳的故事以後再說）。

憑郭靖的資質一月有餘學了十五掌（見《射鵰》第十二回〈亢龍有悔〉），耶律齊沒能學全是不對的，郭靖教徒弟雖然差，可也不會差到這個地步，於是新版中耶律齊是學全了。但是招式簡明的功夫竟然失傳，這個明顯的問題是逃不掉的，問題不論是發生在耶律齊身上還是發生在耶律齊之後，都值得我們思考一下。

事情還得由數十年前說起，明教六枚聖火令向為中土明教教主的令符。數十年前，聖火令為丐幫中人奪去，輾轉為波斯商賈所得，復又流入波斯明教。《倚天》第二十回〈與子共穴相扶將〉陽頂天說三十二代衣教主遺命，令余練成乾坤大挪移神功後，率眾前赴波斯總教，設法迎回聖火令。那書說聖火令是在三十一代教主時給丐幫中人奪去，陽頂天暴亡是六大派圍攻明教前至少三十年前的事。丐幫中人奪去聖火令，那也必須是起碼七十年前的事了。畢竟陽頂天也當了十多年以上的教主，三十一代教主失去聖火令，然後聖火令流落波斯。三十一代教主到三十三代的陽頂天時代也需要起碼三四十年時間，一個教主當權二十年那是很正常的。

七十年前，那是郭襄創立峨嵋派的時期，耶律齊不死也有六十多歲了，他不是主角，在沒有主角光環籠罩下，我們不能肯定他會成長為另一個人妖。峨嵋派創立，耶律齊和丐幫說什麼要出點力的，兩者必然會走得很近，可是書裡面峨嵋丐幫並不親密，可見耶律齊已經死了。丐幫在內鬥中消耗了實力，引起明教對抗元領導權的窺視，同時襄陽城破，南撤的丐幫和明教發生過衝突，為此耶律齊和明教打了一場，受了重傷，趕緊立個新幫主，新幫主降龍十八掌還沒學完耶律齊就見岳父岳母去了，才會有這結果。也可能是耶律齊雖然未死，幫務已經交給徒弟打理，這徒弟的降龍十八掌還沒完全學會，和衣教主打了一場，結果兩敗俱傷，明教聖火令給丐幫奪去，而徒弟或耶律齊因此身亡。年老的耶律齊又臨時拉伕找了個人當幫主，類似魯有腳那種。總之不論那種原因都是新幫主降龍十八掌還沒學完耶律齊就見岳父岳母去了，降龍十八掌就失傳了四招。同時由於他的死亡，導致丐幫和峨嵋的聯系由原來的特殊關係（special relationship），變成特別伙伴關係（special partnership）①，然後兩者之間越走越遠。到了史火龍時代降龍十八掌就剩下十二掌了，而和峨嵋的關係也處於歷史新低。關於這場衝突，有一個大家都沒挑明的原因，畢竟大家都是抗元的，有什麼理由大打出手呢？這個原因就是爭奪抗元的領導權和正統性。

有個問題很重要，史火龍是怎麼知道古墓的呢？《倚天》第三十三回〈簫長琴短衣流黃〉，黃衫女子淡淡一笑，笑道：「我先人和貴幫上代淵源甚深，些些微勞，何足掛齒？這位史家小妹妹，你們好好照顧。」唯一可圈可點的正是淵源甚深之句，這話雖然可以是說因為楊過學過打狗棒，可是郭襄到死沒找到楊過，耶律齊如果比她早死，那是更不可能知道楊家後來又回到古墓，並把這個秘密告訴下一任幫主的。再說楊過不過碰巧學了套打狗棒，算不得淵源甚深，然而神鵰裡也有幾個姓史的——史氏五兄弟，他們和楊過是過命的交情，老三的命可以說是楊過救的，如果史火龍是他們的後代，說淵源甚深這就合理了（事見《神鵰》第三十四回〈排難解紛〉）。

考慮到五兄弟也是老牌愛國人士，必然有可能參與襄陽保衛戰，並且全部或大部分戰死，其後代後來被丐幫收留並加入丐幫也就順理成章了。這位史家後代，可能便是耶律齊之後那位奪取聖火令的幫主。五兄弟死後的遺孤便是史火龍的父輩，楊過那時應該未死，知道後，少不得照顧一下，於是兩者又接上頭了，史家把丐幫的生意繼續到底，長老們第一次內定史火龍為下一任幫主，所以最後史火龍也當上幫主，這樣史火龍知道古墓的謎團就解開了。

可是史火龍也是個很奇怪的人物。《倚天》第九回〈七俠聚會樂未央〉，張無忌初回中原時俞蓮舟是知道他的，還有丐幫素來行事仁義，他們幫主史火龍是條鐵錚錚的好漢子，江湖上大大有名的想法。到了後來《倚天》第三十一回〈刀劍齊失人云亡〉史火龍給人冒名頂替，張無忌又有「聽太師父言道，昔日丐幫幫主洪七公仁俠仗義，武功深湛，不論白道黑道，無不敬服。其後黃幫主、耶律幫主等也均是出類拔萃的人物，但數十年來主持非人，丐幫聲望大非昔比。現任幫主史火龍極少在江湖上露面，不知其人如何。」的想法。這話很矛盾，但也解得通，那個時候張無忌二十來歲，史火龍是二十餘年之前上半身癱瘓，之後極少在江湖上露面所以到底其人如何，張無忌不知道是合理的。但在這之前史火龍應該當了起碼十年的幫主，沒有十年以上想在江湖上大大有名是不可能的，他又不是喬峰更不是主角，那來的短時間成名？

這一算丐幫的幫主由耶律齊死後到史火龍當上幫主的四十年間換了三人，也就是說每個幫主當權時間是十幾年，而史火龍竟然當了三十多年。身體強健當得來自然沒話說，殘廢了，當不來還死抱不放就有問題了。《射鵰》第二十一回〈千鈞巨岩〉洪七公失了武功，立刻傳位黃蓉、黃蓉當了近二十年又為了襄陽和郭家姐弟傳位魯有腳，這都是有先例的，只有這個史火龍幹佔茅坑。這事才是丐幫式微的原因，但這又和二長老、二龍頭不相統屬無關。最大的問題是史火龍沒有及時發現與培養人才！不錯他是上半身癱瘓了，收個徒弟傳其武功總可以吧？再不立個副幫主打理一切也行。副幫主丐幫也是有過的，但是他反而找了兩個人來當什麼掌棒、掌缽二龍頭，利用這麼兩個職位來牽制執法、傳功長老。作為一項暫時性措施這個也許是可行的。可是他這個措施一暫時就暫時了二十餘年！為什麼要牽制和監視長老們？那是怕他們奪位了，自己當不來，偏要防備有人不滿，為大局著想另選幫主。人心就是這麼散的了，丐幫四大長老走了兩個，其中八臂神劍方東白投靠了汝陽王，另一個不知所終。估計方東白當年是提出過另選幫主的，不過事情搞砸了，只好亡命江湖。好好的丐幫就這麼散了。當然也有認為二龍頭是耶律齊設立的，不過幫主久不露面，幫中大事無人拍板總是事實，洪七公雖然也神龍見首不見尾可是畢竟該拍板的時候還是會出現的。

追究起來，還是為什麼會讓史火龍這種人當上幫主？這個還是丐幫本身的制度問題，在這個制度裡，並沒有形成一套發現與培養人才的策略。洪七公雖然沒有正式收徒弟，但還是教了一些對丐幫有貢獻的人武功，雖然沒教全套的降龍十八掌，別的武功全套的可教了不少。很可惜這個培養人才和激勵人才的做法到了黃蓉身上就斷了線，於是選幫主只能用洪七公培養的魯有腳，魯有腳之後就只能求之幫外了。這個沒有培養制度，到最後一刻才找一個來教，來當幫主的做法應該是造成丐幫人才缺乏的主因，恐怕耶律齊沒能學全也是郭靖過分自私到最後一刻才教造成的。畢竟降龍十八掌是幫主的特殊武功，現在耶律齊當了幫主，你竟然不教實在太說不過去了，我懷疑魯有腳也沒得到降龍十八掌的傳授，否則他不會這麼輕易死在霍都手下。人才既缺，又不培養儲備幹部，臨急只能在爛果子裡挑，最後丐幫的幫主自然是一代爛過一代，領導每下愈況，你讓丐幫怎麼不衰落？

註釋

① Mr Obama's mouthpiece Robert Gibbs declared: "The United States and the United Kingdom share a special partnership." Those familiar with the thinking of Mr Obama's top team say that use of the word "partnership" rather than "relationship" is an important distinction - it illuminates Mr Obama's belief in practical measures that work, not the old way of doing things.（The Telegraph 28 Feb 2009）

第十八章　丐幫啟示錄（四）組織

丐幫有數百年甚至上千年的歷史，靠的當然不是幾個所謂的傑出幫主，而是一套領先當時的組織架構，這是丐幫得以延續的主要原因。根據介紹比較多的《天龍》，《射鵰》，我們發現丐幫其實是一個股份公司。管理權和所有權是分開的，作為CEO的幫主必須受到董事會——也就是長老們的監控。丐幫股份公司的所有權不屬於幫主一個人，而是屬於所有出資認購公司股份的乞丐。

詩曰：

基業傳承數百年，高層起落路漸偏。
傳功執法成障礙，洪七黃蓉各集權。
獨以親疏酬舵主，未曾功過定愚賢。
年資熬盡官無望，合應行先又死先。

我們推斷丐幫是在數十次兼併後形成的（這個時間被設定在安史之亂後），在多次兼併後，創幫祖師為了安撫被兼併企業的人心同時也為了酬功設立了當時第一個董事會，賦予他們協助監管丐幫的權力。當然這也可能是一種各方勢力妥協的產物，畢竟作為乞丐，大家都散漫慣了，不是說做慣乞兒懶做皇帝嗎？有一個太想有所作為，規定這個那個的所謂幫主那是大家接受不來的事，董事會的設立正是這種心態下的產物，用以制衡幫主的權力。所以有什麼樣的員工就有什麼樣的架構，尤其當這些員工不是從零開始招募來的而是在機構創立前就存在的或合併過來的時候，情形更是如此。

丐幫的結構大概如下圖：

丐幫的組織結構是一種我們稱為功能結構的形式，這種結構很適合像丐幫這類產品單一的企業。香港警隊就是這種結構，但丐幫創辦期的這一結構將在南宋發生改變。

幫主基本是指定的，有時也可經由長老會推舉，但是權力很受限制，一切都要經過董事會，有時還有副幫主的制約，根本沒有出現獨裁幫主的機會。如果那個幫主想搞什麼大動作都不可能，一切只能按既定的方針辦。既定的方針是什麼？是給幫眾謀福利——通過規模效應，多討點飯和錢，只要維持幫會的完整就可以的。幫主主要還是負責公關工作，代表丐幫在江湖上接生意，當然幫主不負責具體事務，一切細節由董事會事後敲定。不過幫主退位之後是理所當然不可不戒的長老，這個又一次證明長老的權力比幫主大。

黃蓉當幫主時基本屬於不作為，但這也不完全是她的錯，那是洪七公這小人藏了私！竹杖和葫蘆洪七公只交了一樣出來，傳國玉璽只給了一半，黃蓉也是精出油的人物，能不知道其中的貓膩?於是索性把一切問題推到七公的頭上，這個要事說向七公請示，那個事又說要向七公匯報。等到知道七公死了，黃蓉才面團團的當起長老，學著在幕後指揮。

副幫主並不是一個常設職位，畢竟我們只在天龍裡見到（當然還有笑傲裡那個姓張的，不過這傢伙只出現了一次，可以忽略），但是副幫主絕不會是天龍時才出現的特有產物。副幫主的作

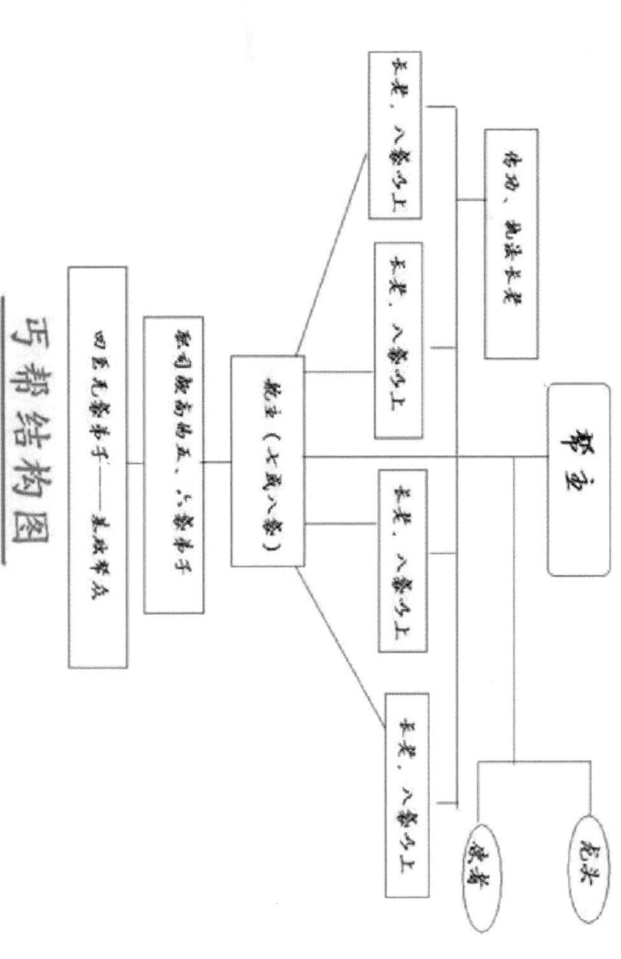

丐帮结构图

用應該是協助幫主處理內政，但如果幫主夠強勢，副幫主就只能作為吃幹響的花瓶存在，如果副幫主想有所作為就會引發和幫主的矛盾，所以除了蕭峰因為不受信任，上一任幫主給他留了個副幫主，我們再見不到副幫主的出現。疑人勿用，這道理在丐幫當時那些人的見識中還沒有能夠理解的。副幫主名字好聽，其實比長老還不如，難怪後來也沒人肯當了。

長老團是丐幫的特有組織，都是身負九袋的高管中的高管，很有探討的必要，不過我們還是先跳過他，來談下一個職務，這個就是舵主，這個職位到南宋稱為幫首。舵主佩八袋或七袋，雖然袋子比長老少，可是原先並不歸長老管轄，直接領導應該是幫主，類似於現在的分區經理。這個分區經理不是隸屬於市場部的銷售經理，而是負責一應大小事務的分公司的一方諸侯。《天龍》中第十四回〈劇飲千杯男兒事〉的全冠清，喬峰想他原是自己手下一個極得力的下屬，得力如何看得出來，那是直接命令他做事，直接的上下級關係才能知道的。但這一幫主直接領導舵主的結構在南宋發生了變化，由長老出任四方領導人，這些人也必須聽從長老的命令。

再下來是五六袋的高級職員，遞升舵主的都必須在這裡面挑選，霍都王子偽裝的何師我，也是五袋弟子。十餘年來為幫務勤勉出力，才逐步升到五袋弟子，但武藝低微，才識卑下，誰都沒對他絲毫重視，均想他升到五袋弟子，已是極限。這也就是說一般的丐幫弟子只要勤勉出力不犯錯誤，幹上十幾年，熬年資也可熬到五個袋子。但是想再進一步就必須有點特殊的才能，因為舵主是七或八袋，從內部招聘而得，五六袋弟子屬於幹部預備隊員。接下來的就是行又行先，死又死先的低袋至無袋弟子，這些人是丐幫的支撐力量但最不為重視。但這批人由一二袋升到三四袋的速度極快，自喬峰被逐後才一年多，喬峰上少林時那批平常和喬峰飲酒的一二袋弟子已經升為三四袋出來和喬峰見禮。這裡面自然也隱藏著丐幫權鬥的故事，不過這不是我們這一章要談的問題，就此略過。從四袋到五袋似乎是一個坎，大約升五袋這一個事不可能由舵主決定，而是必須經董事會——長老團批准，而六袋升七袋以上就必須由幫主來親疏有別一番了，畢竟七袋已經有資格當舵主，做一方諸侯了，肯定要是幫主夾袋中的人物不可。

長老團是一個奇異的組合，傳功和執法分去了幫主的賞罰大權，屬於現在我們說的人事部門和少林的戒律院相似。一個機構除了人事部自然要有管錢的財務部門，天龍時代的財務部門應該由四長老之一擔任，四長老中陳孤雁為人謹慎、事事把細是首席財務官的樣子。當財務必得是領導心腹，他這個財務是自汪劍通時代當起的，年紀大資格老，難怪敢對喬峰倨傲無禮。相對來說長老的功用只能算是幫主的顧問，雖然有權代理一些日常事務，但一遇大事還是要由幫主發號施令。長老團的最大功用是當老幫主不幸歸天，新幫主就得依老幫主遺命而定。若無遺命，便由本幫長老共同推舉。所以到了洪七公時代傳功和執法長老的位置就被乾脆取消了，以免和幫主分權，但又派他們領導東西南北各一方的丐幫。後來的耶律齊又恢復了這兩個職位，讓他們來分擔責任，一旦有什麼做得不合幫眾要求的，就可以把責任推給他們了，畢竟耶律齊沒有得到全部授權——降龍沒學全，而且還是異族。

魯有腳之後，丐幫幫主經常是招聘而來的，鑒於幫主對丐幫制度的不熟悉，傳功和執法長老成為常設職位。由於他們控制了人事陞遷和獎罰，所以在丐幫一般只知有傳功和執法長老，而不知有幫主，幫主只是外部招聘的CEO，真正掌握大權的是長老。長老的權力極大，甚至可以廢立幫主。尤其是在喬峰事件後這一事實更加突出，成為幫主們的一塊心病，所以一般想保住自己位置的幫主都會分化長老團，洪七公之前的錢幫主甚至乾脆撤銷傳功和執法長老的建制，以絕後患，史幫主或耶律齊則設立掌缽掌棒龍頭，解幫主又創立青蓮使者，這些職位的設立都是以削弱長老團的權力和影響為目的的。

第十九章　丐幫啟示錄（五）目標與實踐

對於丐幫建立的目的，雖然我們見到在雙鵰時代和之後的倚天時期抗擊外族入侵成為了丐幫的首要工作，但是丐幫成立之初絕對沒有這麼高尚的目標和情操，畢竟丐幫成立於隋唐時期。我們一直把時間設定在唐朝，但我們是怎麼算出來的呢？

西元一零九三年《天龍》第四十一回〈燕雲十八飛騎，奔騰如虎風煙舉〉丐幫挑戰少林時玄慈說過：「莊幫主，你既非要老衲出手不可，老衲若再顧念貴幫和敝派數百年的交情，堅不肯允，倒是對貴幫不敬了。」數百年起碼就是三百年了，上推三百年那是貞元九年了，其時正是唐德宗時期，從建立到成功在武林佔一席位並得到少林的認可也是個漫長的時間，沒有幾十年的努力和發展是辦不到的，而上推數十年則是所謂的安史之亂時期。那麼我們可以這樣認為，安史之亂爆發製造了大量流民，其中很有一部分無業者、背井離鄉舉目無親者、畸殘無力過活者這些人被迫淪為乞丐，加入在隋唐初年就形成的丐幫雛型的地方性鬆散組織，成了後來丐幫的中堅力量。這時候有一個有見識的武術家在淪為乞丐並加入某地方性丐幫，並成為領導後站了出來說：「我們要飯的受人欺，被狗咬，再不結成一伙緊密團結，還有活命的份兒麼？」於是大家請他來當幫主，來對各地方丐幫進行整合兼併，這個人就是後來金大俠丐幫的祖師爺，而後經過幾十年的整合，一個大一統的丐幫終於在唐德宗時期前後出現。

詩曰：

江湖一統是真情，代代高層不挑明。

犯上禁嚴規下屬，濟人路敞釣清名。

幾文幫費不堪用，數隊幹探斂聚精。

衣著光鮮金主愛，淨污相鬥此時萌。

花這麼多時間考證丐幫成立時間只是為了說明丐幫的成立，他們的使命不是什麼保家衛國，而是很簡單的團結起來避免受人欺負而已。當時的第一任幫主是很有戰略眼光的，知道丐幫的基礎雄厚有領導群雄的本錢，甚至可以一統天下，因為幫主是武林中人於是丐幫也就把第一目標鎖定在江湖了，而在武林中稱雄乃至佔領導地位在所難免要挑戰武林盟主少林。同時他特地寫了首丐幫幫際歌用以鼓舞士氣，歌詞大致如下「起來，飢寒交迫的乞丐！滿腔的熱血已經沸騰，要為生存而鬥爭！咬人狗打個落花流水，乞丐們起來，起來！不要說我們一無所有，我們要做天下的主人！」①要做天下的主人的口號並不曾真正的喊出來，只是丐幫高層的不言之秘，一切都是在靜穆中悄然運行的，只有《天龍》時期的全冠清為了個人私慾，在丐幫並未作充足準備前就過早的把這個口號喊了出來，使丐幫稱雄的慾望在兩宋時期淪為泡影，也使武林中人對丐幫懷有戒心，這直接導致丐幫在《射鵰》時代的孤立和《倚天》時代的沒落。不過丐幫最後還是威風了一把，其中一個長老陳友諒畢竟建立起一個政權，雖然最後被明教消滅，但怎麼說也是個主，算是實現了第一任幫主的願望和規劃了。

目標是有了，而且還覆上一條冠冕堂皇的理由，便於集權的直線架構也建立了起來，接下來是制定幫規，第一條自然是不得以下犯上，而另外一條也十分重要的就是濟人之急，這一條是用來收買江湖豪士的人心的。但是身為乞丐，三餐不繼，平時只是要飯都忙不過來，而且作為幫眾還要交納幫費，哪來的閒工夫和餘財濟人之急？針對這點，後來的幫主開始吸納一部分有錢有勢的丐幫同情者作為成員，並給予他們一定的特權，讓他們在江湖上代表丐幫進行統戰工作，尤其是在遊坦之暴露丐幫的雄心後，統戰工作成了第一要務，這一部分人後來演變成了射鵰中淨衣派。

作為一個幫派，必須有固定的收入來源，單靠成員每年繳納的那一點幫費，還不夠後來的蕭峰喝兩瓶路易十三，或洪七公吃兩盤御膳，所以收入成為丐幫發展的重要制約，由於幫眾分佈極廣，眼線甚多，耳目靈通，故在搜集敵情，傳遞訊息方面頗有所長，為了創收，一個新的部門——狗仔隊成立了，這個部門的成員也就是原來的統戰部門，這是為了節省開支，同時這批人經濟能力較強，武功學識也較高，可以穿得比較體面的和各大幫會門派的領導人接觸，在統戰之餘收集各類情報，賣給需要的客戶。所以丐幫在減少由於江湖資訊不平衡造成的衝突和損失方面是有很大貢獻的。當然有貢獻也就可以要求回報了，這是丐幫後期一個很重要的經濟來源。後來的丐幫幫主解風還親自出馬拉生意，有時還擔任剪綵嘉賓，這個當然嘉賓也是有收入的，而且這份收入的豐厚程度一點不亞於現在的一線明星，畢竟人家也是一線幫會的領導人嘛，給的少了除了自己丟臉，還讓丐幫也很沒面子，得罪丐幫，除非你是少林武當，否則滅你沒商量，據說這筆收入還是歸入幫主的私人戶口的。

接下來的時期是丐幫一個平穩發展的時期，丐幫一步步在江湖確立起自己的地位，並和另一要飯組織——少林（少林是和尚的地頭，和尚是要化緣也就是要飯的）結盟，向少林這個武林老大哥提供個競爭對手的消息，讓少林逐步鞏固其武林盟主的地位。作為回報，少林默許，後來更承認了丐幫幫會老大的地位，甚至在丐幫確立其地位的過程中還有人說曾經見過少林和尚的身影，雖然少林方面極力否認參與過丐幫統一的戰鬥，但是少林官方又並不否認少林對丐幫的建立起到決定性的作用。少林和丐幫雖然多有合作，兩者又都互相防著對方，丐幫幫主就從不曾在少林面前公開過丐幫的核武器——降龍掌法和打狗棒法。

不過雙鵰時代丐幫地位的確立並不單純由於少林衰落的緣故，如果是這樣丐幫就太不值得我們花時間精力去研究了。是什麼事情讓他們成為第一大幫的呢？人多固然是一個條件，但這並不能作為保障，實行人海戰術的幫會多了去，真正長期成功的並不多，全真教就很多人，不過就只是在射鵰時期威風了一把。喬峰說道：「我丐幫開幫數百年，在江湖上受人尊崇，並非恃了人多勢眾、武功高強，乃是由於行俠仗義、主持公道之故。」主持公道是個要害，所謂公道不公道那是由丐幫說了算，這就是丐幫掌握了江湖話語權，誰敢反對就把他砸個稀巴爛。但是目標的明確並不能保證內部的團結，丐幫終於出現了分裂的跡象，而其沒落也和這個有關，這也是我們下一節要說的。

註釋

① 改自《國際歌》的歌詞。

第二十章　丐幫啟示錄（六）

行政主導的確立與國際化和南北分裂的關係

天龍時代乃至之前的時期，幫主並非可以一人說了算的，下面既有一個立法會般的長老團，還有兩個監察幫主乃至全幫的類似ICAC①的執法和傳功長老。喬峰被廢引發一連串的思考，包括丐幫的國際化問題以及執法和傳功長老的地位。

丐幫的國際化是一個不言而喻的事實，洪七公說，丐幫統領天下乞丐，這點在天龍乃至天龍之前都是丐幫的口號之一。問題來了，天下者在《天龍》時期自然包括宋、遼、西夏、吐蕃和大理，這些地方的乞丐都是丐幫的當然成員。那麼憑什麼丐幫的幫主非得由宋朝國民來擔任？一代戰神蕭峰有點轉不過彎來，倘若當時徐長老以他是契丹人要廢他，則他大可打出丐幫這一口號作為回應！我想這個政治正確的提法是無論誰都不敢明目張膽的反對的。後來耶律齊當幫主，黃蓉據說就是用這條理由作為耶律齊合法性的辯解的。

詩曰：

丐幫國際屬漢人，未懂回應笑戰神。

監管廢除成笑柄，執行無阻故沉淪。
江南乞丐空殘缽，江北豪強滿袋銀。
權集中央降領導，淨污分裂此為因。

另一個由此產生的討論是關於執法和傳功長老的地位，最終取消這二個職位的錢幫主在取消這二個職位時曾對大遼記者說：「我不覺得有這些人是壞事，但擔心這些人成為主要障礙，我們又不懂得如何應付（遼語原文是but if they become a major hurdle. We don't know how to deal with them），最終會影響幫主的執行力。」[2]當然錢幫主也不是沒有遭遇反對意見的，時任執法長老就質疑錢幫主認為監管長老阻礙幫主做事，有擺脫監管，有為以後上下其手貪污受賄做準備的嫌疑。不過錢幫主最後還是強行廢除了這二個職位，為後來全面實行行政主導做準備。

《射鵰》第二十七回〈軒轅台前〉金大俠說錢幫主庸暗懦弱，我可不這麼看，他處理起立法機構的長老團可一點也不庸暗，而是可以用高明來形容。長老團是如何被架空或者說被處理掉的呢？錢幫主的方法十分簡單，借助戰亂——靖康事變，丐幫建制被打亂，把長老團外放到各地當大區經理，據說這樣做可使各地乞丐歸建，實則京官外放，油水大大的有，利益均霑。在公在私長老團都沒法反對。於是長老團由總部的立法機關變成東西南北四方乞丐的首領，至於原來制衡幫主的職責就被自動取消了，成功實施中央集權史稱行政主導運動。魯幫主有腳對此發表過評論曰：「大江日夜向東流，聚義群雄又遠遊。六代綺羅成舊夢，石頭城上月如鉤。」③

觸發淨衣派與污衣派紛爭的正是這一次權力和人員大轉移。丐幫在靖康事件前主要的活動範圍是北方——長江以北，雖然已經有準淨衣派的狗仔隊，但這批人不是主流，此前也沒進入決策圈。所以《天龍》中我們才會有南慕容、北喬峰的說法，這也就是說丐幫的領導層——長老團主要是北方人——北方人佔多數的團體，機會均等下，進入高層的自然也應該是北方人為主。這一現象因為長老團的角色有監管制衡幫主的職能，所以並未引起南方丐幫成員的反彈，畢竟這是建幫以來的若干歷史問題之一，同時北方幫眾又佔多數，想反對也反對不來。但是靖康事件後丐幫大舉南遷，爭奪了南方乞丐的地盤和收入，這已經引起一部分短視者的不滿，然後衣著光鮮的南遷北方大豪又加入丐幫，當然丐幫同時還吸收了不少想利用丐幫名頭的南方大豪。現在雖然有南遷的北方成員，但是丐幫的基礎幫眾反而是南方幫佔大多數，不過領導層則大部分由這些大豪擔任，百分之二十的淨衣乞丐控制百分之八十的窮乞丐，衝突在所難免，一個改選長老團的運動其實正在悄然醞釀中。

而正在這個時候，錢幫主為了實施他的行政主導的中央集權計劃，把長老團分到南方各區當大區經理。這一行為既絕了南方丐幫成員改選長老團的企圖——責權已經改變，當上了也監察不了幫主，還當個屁啊！同時還在他們頭上又安了個領導，升上幫主的職位又困難許多了。並且外地領導本地，地方勢力說什麼也不會同意的，所以南方基礎丐眾和大豪空降兵們的衝突是難免的。這一南北衝突又因雙方衣著不同被歷史學家稱為淨污之爭。

這次的權力再分配影響十分深遠，洪七公繼位，作為行政主導運動的既得利益者，雖然面對南方污衣派幫眾要求重新確立長老團監察幫主的職能和設立執法和傳功長老的要求，採取了和稀泥的做法，又把南北之爭混餚視聽為淨衣派與污衣派紛爭，企圖轉移視線，融合南北乞丐。接任的黃蓉，魯有腳作為既得利益者也都拒絕作出任何改變。其結果是《神鵰》第三十回〈離合無常〉南派丐幫的精神領袖彭長老錯誤的找上了蒙古人，企圖依靠外部勢力組織南派丐幫，踢開北方空降兵單幹，使執法和傳功長老的重新設立推遲了很多年。

執法和傳功長老的重新設立是耶律齊接位後的事，耶律齊因為其外族身份，經常受到猜疑，為了平息各種流言蜚語，被迫重新設立執法和傳功長老的職位，同時恢復長老團作為監管機構的職能。但是這是一個無效的行動，幫主的勢力在洪黃魯時期已經急劇膨脹，現在即便是長老團也無法監管制衡。所以我們後來會看到幫主解風連私生子都弄出來了，還在那面團團的當他的幫主。不過南北之爭倒是平息下去了，天下一統，會眾比例重歸平衡，爭不起來了也。

註釋

① 香港廉政公署（簡稱廉署；英語：Independent Commission Against Corruption，ICAC），成立於一九七四年，前身是香港警務處反貪污部。成立初期主要調查對象為香港公務員，後來職權擴展到公營機構與私人機構。

② 二零一二年九月二十七日香港政務司司長林鄭月娥出席一個午餐會稱，雖然申訴專員公署和廉署等監察機構是公民社會的保障，她亦不覺得有這些機構是壞事，但擔心這些機構成為主要障礙，官員又不懂得如何應付（but if they become a major hurdle. We don't know how to deal with them），最終會影響政府執行力。

③ 魯迅詩一九三一年六月作《無題》二首之一。

第廿一章 丐幫啟示錄

（七）幫主們（七之一）喬峰——英雄不是好領導

「北喬峰，南慕容」，《天龍八部》中的第一人當非喬峰莫屬，即使是金記武俠排天下英雄，我想喬峰當在前三，而且還是最沒爭議的那個。劇飲千杯男兒事二章把喬峰應變能力寫得淋漓盡致，可以稱危機管理的典型了。不過每次看到這一章，我總要歎一句應變將略，皆其所長。身為大幫領導，只有應變將略，如何可以成功？

詩曰：

可憐領導事不忙，吹水貪杯是特長。
善任只知疏手下，知人不識禍心藏。
抗遼竟去張旗鼓，禦夏招來一品堂。
班底盡多低袋輩，杏林嘩變輸清光。

《天龍》第十五回〈杏子林中，商略平生義〉杏子林中單正道：「喬幫主，貴幫是江湖上第一大幫，數百年來俠名播於天下，武林中提起『丐幫』二字，誰都十分敬重，我單某向來也是極為心儀的。」喬峰貴為幫主不去給丐幫爭臉，反而弄出個北喬峰，南慕容的名號，可見平日裡喬峰必然借丐幫之力行事，而留喬峰之名，這算起來是假公濟私了。谷歌（Google）大名大家聽過，又有誰能馬上說出谷歌的首席執行長的名字？這事發生在宋代，其時的人慮不及此，當然不能用這個來否定喬峰，畢竟《天龍》第十五回〈杏子林中，商略平生義〉白世鏡說：「這八年來本幫聲譽日隆，人人均知是喬幫主主持之功。」但這兩點恰恰就證明了喬峰是丐幫的一個強勢領導[1]，而且是個不好的領導。

強勢領導當然沒有什麼不好，可是在當時的丐幫當強勢領導就有點說不過去了。那時候的丐幫，喬峰充其量就是一首席執行長，旁邊還有一大堆叫長老的董事組成的董事會。如果這批董事像洪七公手下那群一樣都是首席執行長提拔的還好，偏偏這批董事是前首席執行長的馬仔，資格比喬峰老，何況他們上面還有個更老資格的徐長老，這徐長老基本就是一董事長。而即使是洪七公這老首席執行長，也不敢忽視董事會，要一時淨衣一時污衣。喬峰一強勢就什麼都自以為是發號施令，也不開什麼董事會了，結果怎麼樣？誤會重重，造反有理起來了。得罪董事長的結果是喬峰被廢，這還是好的，總算撿回一條小命。

那麼什麼是領導？

領導者，要能指引手下的人如何達到他們的共同目標。除了要以身作則，還要能為追隨者提供一個大家感到共同參與的環境。參與這一點在丐幫這個董事會有決定權的組織尤其重要。一個好的領導者必須是一個好聽眾、專注──不時提醒自己和手下組織的目標、能組織、經常在手下身邊，協助他們解決問題、和手下分工協作、有決斷、有自信。這幾點喬峰很多都沒有做到，也許英雄本來就不是當領導的料子。（當然紅朝太祖除外）

喬峰是不是好聽眾，我們不知道。但有決斷、有自信這兩點肯定是有的，不過其他方面就欠缺了。

說喬峰不是好領導，有這麼一個事實，如果他是好領導，杏子林的反叛就不會出現，也就不用他來表現其危機管理的能力了。不錯丐幫在喬峰的主持下聲譽日隆，可是這正好是喬峰犯的大錯。丐幫一直暗助大宋抗禦外敵，保國護民，然為了不令敵人注目，以致全力來攻打丐幫，各種謀幹不論成敗，都是做過便算，決不外洩，是以外間多不知情，即令本幫之中，也是盡量守秘。但是喬峰一接手就改變策略，令丐幫聲譽日隆起來，直接導致西夏一品堂找上門來，這點上喬峰難辭其咎，判他個壞領導也不過分。

一個人的能力有限，必須有其他人的參與，作為首席執行長的喬峰可並未和其他成員對丐幫的事開過董事會，眼巴巴的趕到江南，留下一幫不知所以的董事，讓他們猜測喬峰和誰合作殺了馬副幫主。如果平時有多溝通，臨走時大家把事情說清楚了，有誰還來猜測他？則杏子林的一場反叛也就發生不起了。

說到專注，那就肯定沒有了，到江南是找慕容，居然把時間用在喝酒上，幸運的遇上的是慕容的手下，如果不是那該怎麼辦？至於平時也是和低級員工喝酒吃肉的多，幫主不做好本職工作，其他人可想而知。一個只知搞副業的團體能幹出什麼大事？難怪後來式微了老長一段時間，直到洪七公出現才算東山再起，然而金滅北宋那段最需要丐幫的時刻，丐幫卻因為喬峰事件元氣未復而無所作為，實在可惜。

喬峰和陳長老、馬副幫主性格不合，見他到來，往往避開，寧可去和一袋二袋的低輩弟子喝烈酒、吃狗肉，很明顯的親疏有別。這就是說他對最重要的手下——副手並沒有溝通的機會和時間，親疏有別在普通人可以接受，對一個幫主來說就不行了。不見副手和其他董事，出了問題要你決定時怎麼辦？找個你親近的人去找你，等你下決定？一來二去，如果是死人塌樓的大事，那就把一幫人的生命拿來當你親疏有別的陪葬品。親疏有別的結果感情用事，只要和我親近的什麼建議都可以接受，只要不是我親近的什麼意見我都反對，這樣難免令人缺乏歸屬感而離心離德。

也正因為這種親疏有別，當看到馬大元的妻子時才會不加留意，馬大元的妻子也算自己人了，再不喜歡女人，打個招呼還是要的。不僅招呼不打，連正眼也不看一下人家，又那裡是一個領導應有的態度？親疏有別卻去親和本職工作關係不大的一袋二袋的低輩弟子，這樣是起了團結下屬的作用，說好聽那是是為了了解基層的希望和需要，說難聽點就是不安其位，一天到晚都和基層混在一起，能全面掌握幫內幫外的情況？作為幫主，最應該親的是協助自己工作的下屬而不是低輩弟子。好比一個企業的老總，平日裡不和公司的高管接觸，了解和解決公司的各種問題，反而每天鑽到工廠去，和工人吹水，既影響工人工作，又使自己和公司的發展脫節，這樣的公司還能長久？也正因為平時對高管親疏有別，馬大元死後，人家才會懷疑他和馬大元的死有關，這大概就是種瓜得瓜了。

再說喝烈酒、吃狗肉這事也是個問題，若是尋常幫會，幫主吃什麼穿什麼，那只是小事一樁。丐幫就完全不同，都是乞討為生，現在倒好，屬下來請示工作，看幫主在那裏大吃大喝，然後自己過一會要出去討人殘羹剩飯吃，無論如何都是不應該的。像吳長老說他有天酒癮發作，把記功金牌賣了換酒喝。喬峰竟然說，「咱們做叫化子的，沒飯吃，沒酒喝，儘管向人家討啊，用不著賣金牌。」他也不想想，自己幾個小時以前才和段譽花大把公款鬥酒玩，卻叫手下沒酒喝去乞討。好在當時是他剛施了大恩給吳長老，要在平時，就算吳長老不當面說什麼，旁觀的幫衆也必然不服。靠！你想喝酒就是公款吃喝，我們就算去偷錢來也要撈錢給你去買，我們就要低聲下氣去乞討，這算什麼東西？喬峰的生活習慣和大部分丐幫弟子迥然不同，和大家不親近，也是理所當然的。幫主嘛搞點特殊化還是可以容忍的，畢竟也是一幫的顏面。可是四大長老地位也不低啊，喬峰只顧一個人享受而沒有形成利益共同體，那可就難辦了。這裏我們不排除他親近中層管理人員是為了建立自己的班底，架空頭上那幫老人，不過即使這樣他也有必要在人數眾多的低層幫眾前建立一個良好形象，讓他們老看到幫主公款吃喝，而這公款還是他們辛苦乞討來的，你道他們會很樂意嗎？黃蓉也是大魚大肉，可人家是家裏帶來的，你管得著嗎？如果不是他功大，武功高，平時又請一二袋弟子公款吃喝搞了點公關，幫主之位恐怕做不了兩天就要給人趕下臺了。不過他的行為已經令他在高層領導和低層員工（沒袋弟子）間造成不良影響，所以在少林前，也就只有和他喝過酒的中層員工向他問安了。

這個中層管理人員問安透露了一個細思極恐的小細節。喬峰才離開多久？這些人就升官了，那就是丐幫在喬峰走後進行了擴張，這批老人就被提拔重用了，這樣一批人才，在喬峰手下可能永遠升不了級。為什麼？喬峰是英雄，不是指揮官，而是先鋒，辦什麼事都衝在前線，手下根本沒有表現的機會，也似乎沒有擴招的需要。也許有人在後面給他善後，但這並不是一種功勞。於是②喬峰一路打怪練級，身上的勳章也越來越多，連最愛給自己發勳章的勃列日涅夫都甘拜下風。這一來在喬峰手下辦事，並無任何物質或精神上的回報，誰還願意帶他一起玩？

實際上喬峰幫主當得下去，那是因為他領導丐幫抗遼，這其實是維持他地位的重要籌碼，丐幫只是因爲他能帶著丐幫抗遼、打西夏，才覺得他是個好幫主——雖然喬峰時代，對遼國的戰事已經對宋朝不是什麼要緊事。領導的工作就是透過共同的目標形成共同意志，把大家團結起來。全冠清所放出的傳言，則直搗喬峰幫主地位這根唯一的支柱，他是契丹人，怎麼可能帶大家抗遼？於是激發起了幫中久藏的不滿，造成大部分人都先不管傳言真假就站在了喬峰的對立面。喬峰這個幫主認真起來連戰略眼光也沒有，最多是為戰將，能當大將，不能當統帥三軍的元帥！

當然以喬峰的人格魅力，喬峰如果能好好發揮當個魅力型的領導者，這場反叛還是可以消彌於無形的。很可惜根據（Nadler & Tushman 一九九零年）所說魅力型領導所應有的三項特質喬峰最多只得了一種。這三項特質分別是一、有預見（envision），有洞察力和眼光；二、有活力，能推動下屬工作（有活力這點喬峰是做到了）；三、賦予下屬支援，了解他們對他們有信心。預見力喬峰是沒有的了，如果有他的領導就不會有這麼多問題出現。後來說走就走，帶著打狗棒法和降龍掌法離開，並沒想過這鎮幫之藝的傳承問題，連正常的交接工作也沒做好，丐幫差點全軍覆沒，喬峰的責任感那裡去了。說到了解下屬，那更是少的可憐，連董事會都不開，遇事自己一人搞定，從來沒放過權。不放權，那是不放心他們了，可見對下屬沒有信心之極。了解他們就更不用談了，全冠清工於心計，辦事幹練，原是喬峰手下一個極得力的下屬，應該是喬峰的心腹了，可是倡亂的正是這個心腹，這點知人之明都沒有，又如何說的上了解呢？

從這杏子林平叛一事看來喬峰空有立功之志，而無成功之量；雖懷合眾之仁，而無用眾之智。只適合當個人英雄，不能做個合格的丐幫幫主。所以即使叛亂當時沒有在杏子林發生，其他的變故也會在桃子林、李子林發生，而到那個時候危害可能更大。

註釋

① 強勢領導有著幾個鮮明的特徵，一是工作能力強；二是管理風格硬朗嚴格；三是較為高傲。

② 陳魯民. 勃列日涅夫的勳章情結[J]. 學習月刊，2010（1）：9.

第廿二章 丐幫啟示錄

（七之二）丐幫中衰的罪魁禍首

那時節張無忌冷笑道：「百年來江湖上都說『明教、丐幫、少林派』，教派以明教居首，幫會推丐幫為尊，各位如此作為，也不怕辱沒了洪七公老俠的威名？」（見《倚天》第三十三回〈簫長琴短衣流黃〉）所以我們的丐幫直到元朝仍是武林的領頭羊，起碼還拿著幫會組織的牛耳朵。不過丐幫是衰落了，聲勢和天龍時代是沒法比，金大俠借張無忌之口說那是數十年來主持非人，丐幫聲望大非昔比。實際上大俠是在保護導致丐幫中衰的一位大人物，因為丐幫中衰不是起於數十年來主持非人，而是源自他們的內部鬥爭──淨衣、污衣兩派的南北之爭。《射鵰》第二十七回〈軒轅台前〉中對這二派有過介紹：「原來丐幫中分為淨衣、污衣兩派。淨衣派除身穿打滿補釘的丐服之外，平時起居與常人無異，這些人本來都是江湖上的豪傑，或佩服丐幫的俠義行徑，或與幫中弟子交好而投入了丐幫，其實並非真是乞丐。污衣派卻是真正以行乞為生，嚴守戒律：不得行使銀錢購物，不得與外人共桌而食，不得與不會武功之人動手。兩派各持一端，爭執不休。」

問題其實很簡單，丐幫是乞丐組織，起碼在天龍時代是沒有這兩派的分別的，淨衣派是天龍時代之後的丐幫幫主為了和少林爭一日之長短引進的外來勞工，這個派別本來應該是個暫時組織，但是引進者沒來得及把淨衣派分拆融入丐幫的大集體中去就掛了，後任的幫主才幹不足也辦不來這事，於是時日一長淨衣派就變成永久性組織了。丐幫期待一個能把淨衣派歸建的領袖，千呼萬喚之後，這個可能的人物出現了，而這個人竟然未能完成其歷史使命，成了丐幫中衰的一大罪人，這個人就是北丐洪七公了。

詩曰：

位尊五絕更無倫，性好佳餚愛出巡。
未解內爭成後患，雖任長老似嘉賓。
少林已被邊緣化，馬鈺如今守本份。
嘉靖不朝明黯始，丐幫中落賴斯人。

關於淨衣、污衣兩派的源起書上沒有說明，不過我們還是可以合理推斷出一點來源的。起碼在天龍時代末的哲宗（一零八六年——一一零零年在位）時丐幫雖然有淨衣的狗仔隊，但是沒有分派的，分派那是射鵰時代的那些事了。射鵰時代開始於西元一二零一年左右，開篇有秦檜這大奸臣運氣好，只可惜咱們遲生了六十年之句，講的是紹興十一年十二月（一一四一），岳爺爺被害，郭楊生的遲殺不了秦檜。又過二十三年《射鵰》第二十七回〈軒轅台前〉十五六歲的黃蓉在君山接任幫主，淨衣、污衣兩派已經在爭鬥了，其間隔大約是一百三十年。同時我們見到在君山，丐幫四大長老淨衣派佔了三個，明顯處於優勢地位，由出現到佔據領導地位，沒有兩三代人的時間是做不到的，一代三十年，如果三大淨衣長老是第三代淨衣派，則應該是射鵰時代前六十多年丐幫就出現淨衣派了！那時發生什麼事？沒錯靖康之恥！金人的入侵，導致大量的北方移民南渡，這批人包括了加入丐幫的江湖豪傑，他們需要有一個能夠讓他們維持影響力和地位的組織，而他們和丐幫又有共同的目標──抗金，很快的他們找上了丐幫，同時南渡也削弱了丐幫的力量，丐幫的建制被打散了，實力受到嚴重的削弱，為了維持第一大幫的地位急需吸收大量的新血，所以雙方一拍即合。

那麼兩派的爭端又是什麼？爭端出在淨衣派除身穿打滿補釘的丐服之外，平時起居與常人無異，這點違反了丐幫不得行使銀錢購物，不得與外人共桌而食，不得與不會武功之人動手的戒律。這是戒律之爭，本來如果丐幫的建制沒被打亂，那麼丐幫有執法長老在，則淨衣派的嚴重違規是會受到懲罰的，可是建制已亂，執法長老已被撤銷，戒律沒人監管，這才給淨衣派提供了生存空間。爭端其實是不可調和的，污衣派屬於丐幫的原教旨主義者，而淨衣派則是改良主義者。

問題在於丐幫的戒律有無改良的必要，由於大多數的基層幫眾都是乞丐，這部分人連吃飽都成問題，對戒律是自願或被自願的遵守的。沒討到錢花什麼錢？作為社會最底層，又如何有外人和你共桌而食？不過加入丐幫的江湖豪傑頗有一部分是有錢人，這些人又是丐幫在江湖上的主力，有錢又出力，搞點特殊化在他們就是小菜一碟了，這樣也就引起基層幫眾的不滿使丐幫出現分化。在基層幫眾看來這是原則性問題，戒律就是幫會的法律，這都可以違反還有什麼不可以違反的？後來的事實證明瞭這一點，彭長老就違反了民族大義當起漢奸來了。同時基層幫眾最大的不滿是淨衣派是空降部隊，憑籍經濟能力和武功，一進幫就身居領導層，可是污衣派的人則必須從基層做起，打生打死一袋一袋的打拼才得以進入決策圈，就算為丐幫貢獻最高的黎生也只背八個袋子，就因為他是污衣派的。

洪七公知道事情的嚴重性，魯有腳道：「幫內分派，原非善事，洪幫主對這事極是不喜，他老人家費過極大的精神力氣，卻始終沒能叫這兩派合而為一。」不過洪七公的處理方式就出問題了！戒律乃是原則性問題，如何可以和稀泥搞合而為一呢。對戒律發生異議歷史上是發生過的，只是不在丐幫而已。佛陀入滅百年之後，印度東部跋耆族的僧侶對戒律發生異議，提出十條戒律新主張，引起了諍論，而導致第二次的結集。論爭起因於嚴持戒律的波利城比丘耶捨，在毘捨離遊化時，看見當地跋耆比丘於布薩日接受信徒的金銀佈施，認為這是非法的行為，提出異議，卻遭毘捨離比丘擯逐出城。耶捨被擯逐後，前往西方，得到波利城比丘及商那和修的贊同，又赴僧伽國取得離婆多的支援，於是集合七百位比丘，往東回到毘捨離。東、西雙方各推派代表四人，由耶捨長老主持，會中由離婆多就十事一一提出詢問，薩婆迦眉一一作答，會議進行數月之久，最後一致判定跋耆等比丘所行的「十事」是非法的。這就是第二次結集，或稱七百結集、毘捨離城結集。同樣是對戒律發生異議，佛教搞了次人代辯論會，一次性解決問題。可以肯定洪七公沒想過搞這麼一個辯論會，只是要求雙方各讓一步。

當然不搞辯論會大概是怕輸了的一方（比較可能是淨衣派）脫離丐幫，影響丐幫的實力和名譽。不過仔細看一下淨衣派，他們其實有點類似後來少林的俗家弟子，在少林，俗家弟子是不參與少林寺的運作決策的，丐幫同樣可以將淨衣派變成丐幫的俗家弟子。只可惜當時淨衣派已經加入到決策圈，不但是既得利益者，而且在決策圈中還佔大多數，再要他們脫離決策圈是不可能了。但是洪七公其實是有這樣的機會的——那是君山大會之後，彭長老叛幫，洪七公大可以前幫主加長老身份消滅淨衣派的權力，甚至使之退出決策圈，從此以後作為丐幫的外圍組織存在。不過洪七公並沒有這麼做，為什麼會這樣？

原因很簡單，洪七公本身就是個淨衣派的！

污衣派嚴守：不得行使銀錢購物，不得與外人共桌而食，不得與不會武功之人動手的戒律。洪七公尚未收郭黃二人為徒就和他們同桌而食，即使是後來收他們當徒弟，他們也是丐幫的「外人」，這不得與外人共桌而食一戒是犯定了；洪七公上桃花島，那是坐船去的，坐船去漁夫不敢去的地方勢必要花錢的，這不得行使銀錢購物一條又是犯得死死的了。洪七公華山論劍前已經通曉不少武功，在江湖上大大有名，如果他是污衣派的，從底層幹起，每天乞討謀生活，哪來的時間練武？所以洪七公這個淨衣派是逃不脫的了。作為淨衣派，起碼是淨衣派出身的洪七公當上了幫主，現在回過頭來取締清算淨衣派，那是不可想像的，所以洪七公只能要求污衣派不要逼得太緊，接受淨衣派存在的事實。這點洪七公未能取得污衣派的諒解，同時為了防止杏林子事件重演，洪七公提拔了三個淨衣派的人當了長老，目的很明確是要壓制污衣派，當然為了平衡各方勢力，老好人魯有腳也當上了長老。不過洪七公費了極大的精神力氣，只是將衝突憑他的威望暫時壓制，組織本身人才的爭鬥只是由明轉暗而已，並沒有得到解決，到了後神鵰時代衝突就全面爆發了，最後是淨衣派取得勝利，史火龍連老婆都娶了還不是淨衣派的？為示公正無私，洪七公無奈之下採取第一年穿乾淨衣服，第二年穿污穢衣服，如此逐年輪換的策略。這一表面的公平，使大家對洪七公好感大增，洪七公一看位置穩固了，同時還在華山上博得五絕之名，志得意滿，開始耽於享樂，假巡遊之名尋找美食，將所有事物交給長老處置，可是四人中只有一個污衣派的，你想丐幫的政策會向那邊傾斜呢？

這個逐年輪換衣著看似公平，其實不公，淨衣派的行為其實是違反幫會法律的，這是原則問題退讓不得，現在洪七公第一年穿乾淨衣服，第二年穿污穢衣服是將淨衣派合法化，導致淨衣派成為後來丐幫分裂的源頭。這點上他就不如黃蓉來的高明，黃蓉以事實的淨衣派當上了幫主，卻把一應大小事務交給污衣派的魯有腳處理，淡化了兩派的矛盾，耶律齊未能解決兩派問題恐怕和他以淨衣派的身份當上幫主，卻又獨攬大權，同時任用淨衣派的人有關（當然我們沒有看到耶律齊任用淨衣派的人的記載）。洪七公巡遊各地，不理幫務這一逃避責任的行為其實是丐幫中衰的開始。

為什麼這麼說？其時也少林方經火工頭陀之亂，另一對手王重陽已死，全真教絕對不是丐幫對手，而丐幫竟然未能乘時而起難道這不是洪七公的錯失嗎？即使不能調和矛盾，但只要給丐幫找到一個共同的目標，大家也可以在共同的目標下放下爭執共謀發展的，這個目標由誰來訂來領導？當然是洪七公了，可是洪七公就這麼撒手不管了近二十年。這個不作為正是丐幫中衰的起點。論者說明朝由盛到衰，嘉靖當政是重大的轉折點。紅朝太祖對嘉靖皇帝很不以為然，說他「煉丹修道，昏庸老朽，坐了四十幾年天下，就是不辦事」。嘉靖初登大位時曾大刀闊斧地革弊圖新，裁汰特務機關，廣行寬恤之政，頗有明君氣象。但不久便玩弄權術，耽於享樂。嘉靖的事體看起來和洪七公是不是很像？

既然我們同意明朝由盛到衰是嘉靖的問題，那麼我們也應該承認洪七公就是丐幫中衰的罪魁禍首！

第廿三章　丐幫啟示錄

（七之三）黃蓉有一腳　射鵰，神鵰，倚天

黃蓉是洪七公之後的丐幫幫主，更是丐幫唯二的女幫主之一，不過後世的史紅石是碌碌無為的繼承了家族企業，而黃蓉則是做出過事業的，兩者不可同日而語。關於黃蓉的功績則必須和魯有腳並提，正是這二人使丐幫中的污衣、淨衣兩派齊都心悅誠服，消弭爭端。可惜襄陽事變後爭端又起，二人協力未能統一兩派實在令人扼腕嘆息。當然相對實力上講，淨衣派比污衣派的人少，但權力上則相反，很有點二八定律①的味道。可是黃蓉必須要確保淨衣派的地位，因為不論黃蓉還是洪七公都是淨衣派，一旦淨衣派被清除，他們的權力基礎就沒有了，所以保淨衣派就是保他們自己。

詩曰：

三老中原案上供，千徒蒙古緊相從。

奉承幫主名難正，公費遊埠罪不容。

有腳何能稱首席，七公尤自現龍蹤。

坑灰未冷爭端起，中有疑團謎霧重。

好吧，我承認黃蓉是丐幫的千古一帝，嗯，千古一主，但同時我也承認我對她不怎麼待見。黃蓉是長得漂亮，可是漂亮不能當飯吃啊，一個公司的主管要的還是能力，管理的能力，而這點真是黃蓉所不具備的。當然應該把黃蓉擺在領導者──幫主，還是職員──幫會特殊成員上還是有爭議的。（這點是我歐懷琳先提出來的，先申請了版權再說，免得以後被人告侵權）

黃蓉是前幫主任命的，本來這個領導者的名字是沒錯的，但是《射鵰》第二十八回〈鐵掌峰頂〉，黃蓉接任之時怕人家不服，耍了個小聰明說了一句話：「現下洪幫主未歸，由我暫且署理幫主事宜。」於是就把這個名正言順的幫主變成代天巡狩的欽差大臣，自動降格。既然是署理，下了命令，一個不小心洪七公以正式幫主的身份站出來否決之，這可如何是好？黃蓉的小聰明還壞了另一件事，這件事就是同時還發佈了一條違背洪七公原意的命令──即：「我瞧魯長老為人最好，一應大事全聽他吩咐。簡、梁二位長老盡心相助。」如果真的要一應大事全聽他的，那洪七公就直接叫你來傳授打狗棒法和任命魯有腳當幫主好了，還叫你來幹什麼？再者洪七公安排一個污衣派長老加三個淨衣派長老，明擺著是要打壓污衣派的勢力，黃蓉這一搞，洪七公的心血全白費了，污衣派一旦反攻倒算就大事去矣。

其後黃蓉向洪七公匯報，洪七公那個生氣啊，差點就要廢了她的幫主之位。讓你當老大，現在你把球又踢回來了，一點擔待也沒有，還壞了洪七公的佈置，於是洪七公也就沒再召集各路諸侯發個正式的紅頭文件，雖然洪七公後來在江湖上遇到丐幫徒眾並未否定黃蓉的身份，可是他也沒正式承認，來個悶聲發大財，保留隨時擼掉黃蓉的權力，手頭還要拿著那個幫主象徵之一的酒葫蘆。這樣黃蓉這個署理幫主就有點不那麼好管事了。黃蓉這個自署理是令我把她歸類到員工之中的重要理由。

黃蓉的下一個小動作就有些可圈可點了，情變之後的黃蓉帶著一千多乞丐出國考察，公費旅遊，這點無論如何是有違專業操守的（《射鵰》第三十六回〈大軍西征〉）。不過話說回來，這一行動卻收到一個意想不到的正面收穫。實際上黃蓉這一行動是經過深思熟慮的，我甚至懷疑有什麼高人指點過她，而這個人只能是洪七公。這次出國考察黃蓉帶上了魯有腳與簡、梁兩個長老，這個她指定處理一應大事的人，這一來幫中的大事又輪到人數佔多的淨衣派的高管掌握了，魯有腳就這樣下課了。帶魯有腳去，跟去的人自然是些跑腿的人，魯有腳污衣派的得力幹將就這樣在蒙古損失不少，污衣派的勢力也就衰弱了，沒本錢挑起爭端了。魯有腳參與這次行動，公器私用，成為淨衣派攻擊他的武器和人生污點，遇上和淨衣派爭執腰板也就硬不起來了，後來兩派爭端的平息就是源自這次出國考察。

當然黃蓉也不是只給魯有腳下套，黃蓉還是給了魯有腳好處的，畢竟之前讓魯有腳管理大事，魯有腳只是四大長老之一，資歷有點不夠，現在有了出國深造的文憑，當領導就有資格了。同時黃蓉還提升魯有腳為首席長老，關於這點書上沒有明說，但是我們還是可以推導出來的。襄陽魯有腳死後選幫主，梁長老，成為首席長老，按這個推斷，魯有腳在黃朝署理大事怎麼也要給個名分他的，所以魯有腳這個首席長老是當定的了。只是這一來就出問題了。什麼問題？《射鵰》第二十一回〈千鈞巨岩〉洪七公傳位時道：「現下你是幫主，我成了幫中的長老。」洪七公還在，而且也是長老，又是前幫主，這首席長老不管怎麼說都該是洪七公，現在魯有腳竟然居之不疑的首席起來，要說裡面沒有貓膩，那才叫有鬼呢。所以我們可以推定黃魯之間有過秘密交易，在又推又拉之下魯有腳成為了黃蓉的家丁，《射鵰》第三十六回〈大軍西征〉，魯有腳一見到郭靖就叫起官人來了，說什麼：「小人等到處訪尋，未得幫主音訊，聽說官人領軍西征，特來相助。」可惜彭長老不能體會黃蓉的用心，同時也不滿黃蓉空降出任CEO反出丐幫。

照書上的時間算大約在公元一二二五年黃蓉當上幫主，一二四四年上傳位給魯有腳，在位時間幾近二十年，臨了傳位卻傳給了魯有腳，這期間難道丐幫沒產生過可用的人才，要傳位給一個比自己年紀大的人？像這種情形那是很不尋常的，所以我們只能假設黃魯之間的秘密交易就是以後傳位給魯有腳，以換取魯有腳的忠誠，以及污衣派的暫時平靜。但是淨衣派比污衣派的人少，一定要找個事來讓污衣派做，所以在黃蓉的促成下郭靖投身襄陽保衛戰。然後《神鵰》第十二回〈英雄大宴〉黃蓉假借一中年乞丐向丐幫傳達了洪七公「方今天下大亂，蒙古韃子日漸南侵，蠶食我大宋天下，凡我幫眾，務須心存忠義，誓死殺敵，力禦外侮。」的最高指示。淨衣派是資源和資金的提供者，污衣派尤其是那些不滿淨衣派丐幫子弟大半死在襄陽城下，反對勢力這樣就清除了。同時為了保持淨衣派在董事會的地位，和加強幫主的權力，黃蓉在彭長老叛幫後拒不提升新長老。按書中所言，每位長老領一路丐幫，《射鵰》第二十六回〈新盟舊約〉魯有腳自稱西路的長老。彭長老叛幫後並沒有新長老出現，可見黃蓉兼任彭長老那一路的頭領，這樣幫主就有了自己的禁衛軍了。

黃蓉是個鬼精靈，明知洪七公可以隨時讓她下課，所以讓魯有腳代處理一應大事，自己卻躲在桃花島享福，這一來出什麼事她都可以往魯有腳身上推，同時也不用直接面對幫眾，不致因為處理失當被下面的人反對，有需要時還可以出來批評魯有腳處置失當，樹立下權威。她一人大權獨攬，簡長老，梁長老和魯長老對她從不敢說半個不字。魯有腳繼位，黃蓉繼續充當她的幕後話事人的角色，表面是污衣派當幫主，實際發號施令的還是淨衣派，並且黃蓉不止掌握了丐幫的人事升遷（《神鵰》第三十六回〈獻禮祝壽〉中即使是沒當幫主十幾年，丐幫這些年的功勞簿的內容她也是熟記於胸的）還繼續掌握原來彭長老那一路丐幫，魯有腳倘有異動立馬拿下，這是魯有腳被迫給郭家當保姆的主要原因吧？可惜淨衣派的梁長老不懂黃蓉的苦心，竟然稱病不朝了（見《神鵰》第十二回〈英雄大宴〉）。這一說不是沒有道理的，魯有腳當了幫主，郭靖竟然不把降龍十八掌教給他，否則魯有腳就不會那麼容易死在霍都的手下了。郭黃二人防賊似的防著魯有腳，魯有腳還怎麼展開工作，平時除了幫人看孩子當保姆還能做什麼？

這一路黃蓉的禁衛軍是等到魯有腳死後黃蓉才放手的，魯有腳一死黃蓉馬上提升了三個新長老，而且還都是淨衣派，沒辦法，淨衣派出錢最多，功勞最大。《史記．蕭相國世家》蕭何以「漢與楚相守滎陽數年，軍無見糧，蕭何轉漕關中，給食不乏。」排在首位。同樣貢獻的淨衣派自然也該分到最多好處，於是三個新長老都是淨衣派的。這是給耶律齊鋪好道路，大家都是淨衣派的，還有什麼事不能搞定？但是人算不如天算，襄陽城破，蒙元一統，不打仗了，和平了，內部矛盾再次爆發，把問題留給了耶律齊，丐幫開始步入衰落期。正所謂坑灰未冷山東亂，天下如今不打仗。

註釋

① 八零／二零法則（The 80/20 Rule），又稱為帕累托法則、帕累托定律、最省力法則或不平衡原則、猶太法則。八零／二零法則，是二零世紀初意大利統計學家、經濟學家維爾弗雷多·帕累托提出的，他指出：在任何特定群體中，重要的因子通常只佔少數，而不重要的因子則佔多數，因此只要能控制具有重要性的少數因子即能控制全局。這個原理經過多年的演化，已變成當今管理學界所熟知的二八法則——即80%的公司利潤來自20%的重要客戶，其餘20%的利潤則來自80%的普通客戶。

第廿四章　丐幫啟示錄

（八）那些被忽略的幫主們（八之一）汪劍通　天龍

汪劍通是金書第一個有記載有名有姓的丐幫幫主，很多人對他甚為不滿——他給我們的大英雄喬峰埋了個定時炸彈。這是汪劍通人生的一個污點，重大的污點，所謂的污點和他留下的那封間接讓喬峰被迫下野無關的信無關。這點留待回頭討論，我們還是先了解下汪劍通這個人的早期行為吧。

詩曰：

早年穩位結玄慈，同戰關頭兩相知。
不做大哥隨大隊，非為投降是投資。
雄才大略傷私德，口沒遮攔種禍籽。
長老叛幫依亂命，喬峰下野悔偏遲。

汪劍通天龍時代前三十年就是幫主了，不過雖然是天下第一幫的頭，卻在雁門關戰役中當起，疑似未來少林掌門的玄慈的下屬。這點是不是有些奇怪？但認真追究起來又甚為合理。三十年前的汪劍通即使是幫主，那也只是「新」任幫主，地位不見得穩固。喬峰當了八年幫主都可以給人轟下台，老汪當幫主為丐幫所建立的功勳必然沒有喬峰多，所以我們可以想像汪劍通其實也是面臨很多暗中的挑戰的。為了穩固自己的地位，汪劍通和疑似未來少林掌門的玄慈搭上線，用未來少林掌門的聲望來提高自己在丐幫的認受性也是有的。對於未來少林掌門的玄慈來說，得到天下第一大幫的支持也是急需的，這有助提高他的聲望，為將來當掌門製造輿論和政治資本，所以兩人是一拍即合。從這點我們可以知道汪劍通既有政治策略也有政治投資眼光，畢竟玄慈後來真的當了掌門。

說是政治投資，其實也是經濟投資，兩人經過雁門關事件成了一起扛過槍的三鐵。玄慈當了掌門後就把少林的情報收集工作外判給了丐幫，名義上說是節省成本，其實還是安了私心，畢竟如果情報工作由少林自己進行，一方面影響少林的形象，另一方面玄慈有些私人的情報收集要求也可以透過丐幫完成，避開少林的內部監管。對丐幫來說這是一筆大生意，在經濟利益的現實面前，汪劍通不僅穩住了地位，同時也確立了權威。少丐兩方互為奧援，成為江湖進程的主導者，史稱第一次雙寡頭壟斷。

接下來就是關於喬峰的安排，在這個事情上，少林是行頭執輸了。少林派出人收喬峰為徒，喬峰師從玄苦學得一身好功夫，作為共同監護人，或者說是共同監視人的汪劍通是知道的。如果喬峰加入少林，這一來丐幫就多了一個強勁的對手，根據遺傳學的原則和主角定律喬峰將成為新一代的風雲人物。少林之得就是丐幫之失，幸好喬峰喜歡喝酒，而少林充滿各種清規戒律，所以經過一番爭取，玄慈被迫同意喬峰投入丐幫。就像一件寶物，每人輪流保管若干年，玄慈想反對也反對不來，畢竟少林提供不了喬峰需要的生活環境，根據保護兒童法，喬峰判歸丐幫監護。

對於這個新一代的領袖人物丐幫是下了血本的培養，喬峰呢也不負眾望辦事符合老汪的心意，還和下面打成一片，建立一定的群眾基礎。但是喬峰並未能在丐幫建立起自己的班底，何以這麼說？十五六歲加入丐幫，二十二三當了幫主，離開是三十歲，在丐幫混了十幾年，只有個得力的助手八袋舵主全冠清。十幾年混了下來，勤勤懇懇無甚表現的何師我都混到五袋了，喬峰的同學，如果有點能力那起碼要混個七袋的中高級管理人員，但是當全冠清陰謀廢喬峰時居然沒人通知他，可見喬峰同學在選擇交往人員上大有問題，和他的同學的交情也很是一般，當年他們支持他當幫主那是由於他是汪劍通的徒弟的緣故，所謂西瓜偎大邊的西瓜效應也，喬峰和汪劍通不知還自以為得到所有人的支持。

汪劍通看到大家對喬峰讚不絕口，也就加意培養，給他創造鍛煉機會，立功愈多，威名愈大，丐幫上上下下一齊歸心，便是幫外之人，也知丐幫將來的幫主非喬峰莫屬。這時玄慈和智光站出來反對，汪劍通明白，智光是跟著玄慈瞎起哄，而玄慈反對那是為了怕丐幫在喬峰的帶領下坐大，影響少林的地位，所以向喬峰安排了三大難題、七大功勞，以封玄慈和智光的口。當最後決定任命喬峰為幫主時玄慈急了直接給汪劍通寫信反對。汪劍通和丐幫為了培養喬峰花了偌大時間和精力，怎麼可能因為你少林一句話就放棄呢？再說如果你少林不想培養喬峰，那你找人收他當徒弟？這分明是一拍兩散的做法！但是少林畢竟是丐幫的金主，意見總不能不理的，於是汪劍通留下了密令：「字諭丐幫馬副幫主、傳功長老、執法長老、暨諸長老：喬峰若有親遼叛漢、助契丹而壓大宋之舉者，全幫即行合力擊殺，不得有誤。下毒行刺，均無不可，下手者有功無罪。汪劍通親筆。」

這封密令成為了汪劍通的一大污點，蓋過了他唯才是用的國際主義觀點，和使丐幫真正走向國際化的功勞。畢竟喬峰的能力是得到少林在內很多人的承認的，連少林都怕了他，任命他當幫主正是汪劍通的高明之處，是出於為丐幫著想的公心。但是我們認為汪劍通的密令不是他的政治污點，這封命令只是一種安撫少林的權宜之計。因為書上同時指出，按幫規作為現任丐幫幫主，便是前代的歷位幫主復生，那也是位居其下，那是防止死人壓生人的情形出現，這個有利丐幫後代進行改革，讓丐幫自我更新，所以即使前任幫主有遺命，那也是可以被直接無視掉的。汪劍通死後留下這封信，如果喬峰真有反叛行為，丐幫也不能拿這個來作為反叛和擊殺喬峰的依據，如果信寫的是其他內容，是否執行也要看喬峰心情，如果那天喬峰酒喝少了，拒絕執行那也是合情合理的，誰也不能說喬峰有什麼不合規矩的地方。明知這樣一封信根本發生不了作用還留下這麼條尾巴，真是奇蠢無比了。汪劍通有可能這樣蠢嗎？根據我們上面的分析，這是一封給非丐幫人士，不明丐幫制度規矩如少林看的書信。

但是喬峰終於被廢，那是因為其真實身世被揭穿的緣故。但是我們在汪劍通的書信中並沒有看到喬峰的身世被提到，那麼是誰把喬峰的身世透露給康敏的呢？我們見到，當全冠清指喬峰是契丹人時，幾大長老並不知情，相信馬大元也許不可能知道喬峰的身世。因為按杏林子中，眾人聽了流言之後的反應推斷，假如長老們知道喬峰的身世，他們可能早就跳出來反對任命喬峰當幫主了。所以康敏知道喬峰身世這件事就很有問題，很值得陰謀了。

馬副幫主呢，我們也推斷他不知道喬峰的身份，既然他洩露丐幫密令的機密讓康敏知道，那麼如果他知道喬峰的身世，他也會和康敏分享。但康敏只是鼓動他用這一密令，而不及其他，所以我們推斷關於喬峰的身世，康敏另有獲得渠道。參與雁門關戰役並活下來知道喬峰來歷的只有玄慈、智光、汪劍通、趙錢孫，這裡面有兩個和尚，其中一個和尚還有個姘頭，趙錢孫則一直在想自己師妹，這三位估計沒什麼興趣來丐幫和副幫主的老婆談論喬峰的來歷。剩下的就只有一個嫌疑人——汪劍通！！！按照我們所見，汪劍通和康敏的關係非同尋常，馬大元的副幫主有可能是用頭上的綠帽子換回來的。嗯，汪劍通這算私德有虧吧！？汪劍通大概是覺得寫了封沒用的密令，耍了少林一把，得意忘形，口沒遮攔在和康敏曬月光時忍不住說了出來，結果成了喬峰背後要命的一刀！！！

私德有虧，成了一代雄才大略的丐幫幫主的註腳，同時還導致丐幫的中衰。當然我們不能不懷疑少林在其中起過推波助瀾的作用，但是始作俑者還是汪劍通向康敏透露了喬峰的身世。假如沒有這點，汪劍通確實是丐幫最偉大的幫主（沒有之一），敢於任命敵對國家的人當最高領導人，這就算是放在現代也是不可想像的事，什麼洪七公，黃蓉等比起汪劍通來不過小蝦米而已。

第廿五章　丐幫啟示錄（八之二）錢幫主　射鵰

錢幫主是一個被忽略和批判的幫主，對這個人的描寫金大俠惜墨如金只用了短短一句話：「當年第十七代錢幫主昏暗懦弱，武功雖高，但處事不當，淨衣派與污衣派紛爭不休，丐幫聲勢大衰。」考語是：「昏暗懦弱，武功雖高，但處事不當」十三個字。是也非也江湖自有公論。

詩曰：

幫主何時竟變天，應為位置不安全。

喬峰下野成心病，長老原來太有權。

昏暗唯因勤辦事，不當何以政相沿？

異論相攪過明顯，言寡洪公吃兩邊。

錢幫主時期是淨衣派與污衣派大起內訌之時。但我們沒有足夠的證據證明兩派之爭是錢幫主搞起來的，更大的可能是前任留下的包袱。畢竟我們在前面將兩派之爭定義為南北之爭，這事情只能發生在靖康之變後，北方乞丐大量南遷的背景下。靖康之變是公元一一二六——一一二七年，距離洪七公參與華山論劍的約公元一一九五年中間隔了大約七十年，那是兩代人的時間，錢幫主也必須是一長命百歲的人妖，才能等到洪七公來繼承他的位置。雖然人妖在金大俠的書中是高概率事件，但這也太高了點吧！所以我們比較傾向於錢幫主是接了個爛攤子，也許他接班的時候南北分裂還沒正式成形，到他接位後，問題到達臨界點，疫情全面爆發。我想這會是一個相對合理的推測。

導致錢幫主成為問責對象的不是什麼不為人知的秘密，究其緣故還是來自傳功執法二長老的撤銷和長老團職責的改變，長老團的丞相地位被撤銷了，充當起各區首領，這個有點類似明朝撤銷丞相改為六部分理政事。這一來錢幫主既少了長老團的意見參考，下決定和命令必然不夠全面，也沒有了長老團來緩衝當其代罪羔羊，所有的矛頭現在都指向他一個人，如此一來丁點錯誤也被無限放大，落得個昏暗懦弱的名聲。但是長老團性質的改變雖然我們在第四部分說是錢幫主做的好事，但這沒有足夠的證據證明，我們能肯定的是這一改變發生在天龍之後，洪七公之前而已。產生這一改變的原因有可能來自丐幫主要活動區域的改變──也就是靖康之變後，那麼錢幫主就是我們的二分之一個嫌疑人。洪七公說他處事不當，這個處事不當可能就是指取消傳功執法二長老這件事。

這個長老團的改變後果是很嚴重，導致比較懶惰的幫主對處理大量日常事務產生厭惡，著名的洪七公幫主就成了「春宵苦短日高起，從此君王不早朝」的鮮活演繹者。有意思的是，錢幫主其實是個很勤勞的幫主，如果不勤勞，不打理幫務，誰知道他是不是昏喑？處事得當與否？其實丐幫聲勢大衰並不能完全歸咎給錢幫主，會眾南遷，大量減員的情況下聲勢大衰其實也是很正常的事。要知道聲勢大衰固然是事實，但錢幫主並未作什麼違反幫規的事，基本都按幫會法律辦事，否則一早就給勸退了。做應該做的事，結果遇上天災人禍，股價大跌，CEO就這樣被攆下台的事倒也常見，只是這樣做和這樣說對錢幫主未免有點不太公平。

然而更弔詭的事還在後頭，不處理幫務的洪七公成了丐幫的代言人，形象好的不能再好，連近二百年後不太熟悉中原武林的海歸教主張無忌都知道他的大名。而勤於政務的錢幫主倒被華麗的無視掉，甚至還被歸類為庸主。這個情形和特首的民望相類似，只要特首呆在辦公室嘆冷氣，其民望必然直線上升，一旦特首想強政勵治，搞點福為民開的大小動作，其民望馬上調頭直下三千尺。看來金大俠對今日之事是早有預見，在書中早就預言好了。下次有機會在什麼地方見到金大俠，我一定高呼——快來看上帝啊！然後跑上前去，向他請教下下期六合彩開的什麼號碼？至於特首也可以向金上帝求下靈簽，看看有什麼改變之道，又或許直接在金上帝的十四部聖經中查找也是可以的。

也許錢幫主的過失在於沒有解決問題，而是利用了南北之爭，大搞其「異論相攪」的統治術，其意圖在於利用兩派之間產生不同的意見，從而互相制約，強化幫主的權力。而這一做法有時做得太過明顯——這就是所謂的昏暗，引起幫眾反感，導致幫眾對他印象不佳，牆倒眾人推，後世越描越黑也是有的。實際上搞分化洪七公是最高明的一個，撒手不管，讓你們自己鬥得你死我活，最後站出來一錘定音，大家三呼萬歲，退朝。結果那一派也離不開洪七公，洪七公成了各派爭取的對象，不說洪七公的好話那才怪了呢。

第廿六章　丐幫啟示錄（八之三）魯有腳　射鵰、神鵰、倚天

魯有腳是另一個被忽略者，沒辦法，生活在兩個巨人——洪七公和黃蓉的陰影下，頂著兩個可以隨時找你茬的上帝，要是還有大作為那就真的有鬼了。到了百多年後的《倚天》第三十一回〈刀劍齊失人云亡〉張無忌去丐幫時想到的是：「聽太師父言道，昔日丐幫幫主洪七公仁俠仗義，武功深湛，不論白道黑道，無不敬服。其後黃幫主、耶律幫主等也均是出類拔萃的人物。」這裡已經沒老魯什麼事了。

詩曰：

無謀有腳事黃蓉，漠北江南緊協從。
幫主危城狂洗馬，法王深宅靜行兇。
當朝保姆功夫弱，隔代傳人禮遇濃。
可嘆十年城下死，唯聽楊過一言封。

好吧，我承認魯有腳是個老實人，也是個老好人，可是老實人老好人也能造成損害，二零零四之前董建華的事大家可也記憶猶新吧。所以魯有腳沒有闖出大禍，那還是有點真本事的，當然

他的上帝們也有部分功勞。不過魯有腳當幫主時的功績並沒有被全面提到，實際上黃蓉的功績（對丐幫）基本可以歸給魯有腳的。《神鵰》中言：「黃蓉雖在「桃花島隱居，仍是遙領丐幫幫主之位，幫中事務由魯有腳奉黃蓉之名處分勾當。」所以洪七公偷聽丐幫弟子談話，得知丐幫在黃蓉、魯有腳主持下太平無事，內消污衣、淨衣兩派之爭，外除金人與鐵掌幫之逼。拿主意的雖然是黃蓉，但主要工作的執行人其實是魯有腳。只是鐵掌幫的大哥大已經跟了南帝出家，如何還能頑強的生存下來，並在Z年後威脅到丐幫呢？這點我認為金大俠有必要給我們解釋下，又或者我們以後可以自己陰謀一下，而似乎後者將給我們帶來更多的樂趣。

但是我們又不能說所有功勞──如果有都歸於魯有腳，《神鵰》開篇有說黃蓉來到江南其中一個目的乃是會見幫中諸長老會商幫務，可見黃蓉並非不管事，只是要丐幫小事自己解決而已。後來黃蓉退位也是不堪幫中許多嚕哩嚕唆的事兒，什麼阿貓阿狗的小事都要找她。但是黃蓉這個太上皇可又不是傻子，人事陞遷問題她可是一直自己掌握的，各大要害部門都是她的人。丐幫的陞遷有功勞簿做標準，《神鵰》第三十六回〈獻禮祝壽〉霍都十幾年來在丐幫的一舉一動都在黃蓉掌握中，可是黃幫主，你不是已經退下來十五六年了，怎麼還有權力看這個功勞簿？怎麼還有權力過問人事陞遷？這只能說是黃蓉退而不休。所以魯幫主名為幫主，在一定程度上仍是聽命於黃蓉的丞相。再說你黃蓉都退了十幾年了，退的時候也沒聽你說要當什麼長老，如今你又到底是憑什麼身份來主持和確認新幫主的？

魯有腳受後世丐幫尊重不在他對丐幫管理得有多好，而在於他帶領丐幫協助守衛襄陽。但是他的地位就很低了，丐幫大會後他已經是名正言順的幫主，可是後來《神鵰》第二十二回〈危城女嬰〉，魯有腳見了小龍女追楊過、金輪法王和李莫愁時卻問：「龍姑娘，黃幫主與郭大俠安好罷？」什麼黃幫主要叫郭夫人或黃前幫主！這是自低身份，也是仍受牽制的實情！楊過就說過：「此人武功並不怎麼，也說不上有甚麼大作為，但瞧在『鋤奸殺敵，為國為民』八個字上，算他是一號人物。」楊過十六年來浪跡江湖，所見所聞必多，和魯有腳又沒什麼恩怨情仇，說魯有腳說不上有甚麼大作為應該是江湖上公認的事實。於是我們可以推定魯有腳的工作範圍僅限於執行黃蓉的命令，以及處理丐幫的日常事務，例如今天癩頭阿三和對街的老大爺吵了一架，隔壁街的二大嫂沒給丐幫施捨殘羹剩飯等等。

當然魯有腳並非沒有反抗過的，《神鵰》第二十二回〈危城女嬰〉中金輪法王一早就寫了信來：「蒙古第一護國法師金輪法王致候郭大俠足下：適才在顧，得仰風采，實慰平生，原期秉燭夜談，豈料青眼難屈，何老衲之不足承教若斯，竟來去之匆匆也？古人言有白頭如新，傾蓋如故，悠悠我心，思君良深。明日回拜，祈勿拒人於千里之外也。」按說黃蓉是前幫主，郭靖還是守城義軍的主帥，作為義軍主力的丐幫說什麼也應該派幾十個人協助保護，不過城裡打得天翻地覆，魯有腳卻帶著人在城門邊防備蒙古人進攻。還找了一名丐幫弟子牽著郭靖的汗血寶馬刷毛，這整個的主次不分。後來有人批評丐幫置郭黃不顧，就有丐幫子弟站出來說：「我們這是守城和保護我們魯有腳幫主。他們二位武功又高，又沒叫我們幫手，怎麼好怪到我們頭上？」據說就因為這個原因，魯有腳被黃蓉派去當保姆。

十六年後的英雄大宴，魯有腳依然是受人支配的角色，繼續當黃蓉的家臣。郭靖、黃蓉夫婦全神部署軍務，將接待賓客之事交給了魯有腳和耶律齊處理。武敦儒、耶律燕夫婦和武修文、完顏萍夫婦從旁襄助。魯有腳的地位和黃蓉的女婿相等，怎麼說也是一幫之主，再怎麼樣也給個像樣的頭銜，如今竟然成了丐幫職司迎賓的幫眾。黃蓉把丐幫都當成私產了，把一個幫主當僕役使喚，好威風啊好威風，就是不知江湖中人怎麼看待丐幫。怪不得有那麼多人不願協助郭靖守襄陽，沒的又被人私有化了，都是有頭有臉的人，誰肯這麼低聲下氣的侍候人！？肯這樣做的大概只有魯有腳了，被人架空了還要給人當保姆。這樣也好，以後填履歷時職業這欄就不用寫無業了，可以寫保姆，怎麼說都是服務行業。只是你魯有腳怎麼說也是一幫之主，還有個協防襄陽的責任，雖然這是自發性的，但是工作那麼多，你怎麼就跑去當保姆了？看來南宋丐幫的幫主是沒有工資的，要有個第二職業如當保姆弄點外快，不如北宋的喬峰，能公款喝酒。當然魯有腳的努力還是有回報的，畢竟丐幫的輿論由黃蓉掌握，所以死後總算落得個好名聲，畢竟人家協助防守襄陽有功，這是襄陽安撫使親自說的。但是想流芳百世那就想都不用想，黃蓉和耶律齊不答應啊！

關於魯黃之間的事體參見「黃蓉有一腳」。

第廿七章　丐幫啟示錄（八之四）耶律齊　神鵰、倚天

耶律齊可能是最不幸的幫主，雖然自身也有一定的能力，可是因為黃蓉是他岳母，同時為了顯擺主角的威風，其地位貢獻乃至權威一直受到質疑。其實耶律齊能當幫主也是有前因的，《神鵰》第十回上就救過丐幫弟子，張無忌救了五行旗人家感激的要死，耶律齊當幫主沒有遇上太大阻力，那是種因於此啊！！

詩曰：

當時小輩最雄材，仗義曾消過兒災。
治理無能成詬病，降龍有缺惹嫌猜。
丐幫袖手藏驢袋，耶律披針打擂臺。①
自嫁郭芙裙帶好，志承岳母實堪哀。

耶律齊是如何管理丐幫的，我們沒有直接的證據。表面證供是此人年少老成，有一定的領導能力。耶律齊這個人具有俠義的性格符合丐幫要求的，初會郭武三人，見三人窮追李莫愁，明知自己武功不如，還是隨後趕去接應。性格剛毅，和楊過雙戰李莫愁時耶律齊硬碰硬的擋接敵人毒

招，楊過卻縱前躍後，擾亂對方心神，而其幫助楊過，也不像楊過幫他那樣要什麼人給自己下拜。但這樣的性格雖好，卻還不見得就能當幫主。像郭靖這種遲鈍的武功雖好，丐幫細事多，郭靖又反應慢，一個月也處理不了幾份報告，讓他當幫主就麻煩了，恐怕丐幫就會給他拖散了。耶律齊也有一定的機智，黃蓉猜到他的師父是誰，他也能猜到黃蓉猜出來了。

這麼個武功人才兩臻佳妙的人，還要是黃蓉的女婿，那裡能不馬上成為丐幫嗯，準確的說黃蓉的重點培養對像？所以我們見到黃蓉故意壓低魯有腳，讓他和耶律齊一同辦事，這是把耶律齊抬到準幫主的地位，為耶律齊後來接班做輿論準備。但黃蓉對耶律齊的培養並非沒有遭遇阻力的。而阻力正是來自污衣派的魯有腳，魯有腳一直反對耶律齊加入丐幫，理由是耶律齊是個十分明顯的淨衣派，一旦加入會影響幫內兩派的平衡，前幫主的女婿啊！入了幫，你能讓他去當個低級小職員？既失了黃蓉的面子，又失了丐幫的面子，可是授以高位呢？耶律齊資歷又不很夠，位置高了還影響淨衣派與污衣派好不容易取得的脆弱平衡。這樣子的大條道理連黃蓉也不便反對。

當然如果耶律齊有點遠見的話就應該加入丐幫，從低做起，不是說他有志承繼岳母的大業，決心為丐幫出力嗎？出力又那分職位高低？同時書上這句承繼岳母的大業，其實也在告訴我們不僅黃蓉，連耶律齊也把丐幫看成是黃家的私產了，真的把自己看成太子了。並且你要說繼承也只能說是繼承魯有腳，怎麼會是黃蓉？這又充分證明黃蓉是退而不休。但是耶律齊放不下身段，也許是郭芙不願意丈夫和低級乞丐們一起，衣著破爛的還要去乞討，所以也跳出來反對耶律齊從低做起，撈點政治資本。就這樣耶律齊到當上幫主前還是以丐幫觀察員身份協助魯有腳，更確切的說是協助黃蓉監視魯有腳。而魯有腳和他的關係也十分奇妙，不和他結仇已經是很隱忍的了，一個毛頭青年，仗著有人撐腰，在他這個幫主面前喝三吆四的，換誰也忍不了，可是又不能踢開他單幹，上面還有個隨時能廢了他的黃蓉在啊。所以魯有腳死後，我們看到祭奠他的是他一手照看大的郭襄，而非半同事關係的耶律齊。共同工作十幾年，連這點情分都沒有，兩人可真是君子之交淡如水啊！！

黃蓉雖然安排了耶律齊接班，可是沒想到魯有腳死的太快，一切的安排都用不上了。強行用自己的威望指定耶律齊當幫主是不行的，雖然淨衣派佔領導層的大多數，但污衣派則是丐幫的基礎幫眾，如果得不到他們的認可，空降兵是要受排擠的，同時還要影響黃蓉的地位和聲望。耶律齊對丐幫沒足夠的功績，也缺少威望，唯一的資歷和資本就是和丐幫子弟一同守衛過襄陽。所以黃蓉想到金大俠是讓她比武壓服反對勢力的，就依樣畫葫蘆的給耶律齊安排了一次比武奪幫主。可惜人算不如天算，半路殺出個何師我，搞得耶律齊威風掃地。有不滿丐幫成為黃家幫的甚至藉機提議請楊過當幫主，狠狠的給了黃蓉一記耳光。假如十幾年前耶律齊就加入丐幫，那麼情況就不同了，那時的耶律齊就有群眾基礎了，讓他當幫主就沒什麼阻力了。想想何師我加入丐幫十幾年，普通表現，積勞升到五袋弟子，喬峰當上幫主最辛苦了也就用了五六年時間，耶律齊是「前」幫主女婿，武功也好，面子上肯定要照顧他些能立功的任務，至少能弄七八個LV呀，Gucci呀什麼的袋子掛在身上，這樣黃蓉說讓他當幫主還有誰敢／能有意見？

耶律齊能當上幫主不過是淨衣派反攻倒算的結果，《神鵰》第十二回〈英雄大宴〉污衣派魯有腳當幫主，淨衣派梁長老長年纏綿病榻，到了第三十六回〈獻禮祝壽〉梁長老突然腰板挺直，精神矍鑠起來，莫非梁長老學得八荒六合唯我獨尊功？梁長老突然沒病，不過是給事實淨衣派的耶律齊撐場面背書而已。只是當上幫主並不是一件和表面看一樣十分風光的事，耶律齊依然是黃蓉的代言人，名副其實繼承岳母的大志了，根本沒有辦法實施任何自己對丐幫的規劃，沒辦法，誰叫他之前十多年都沒加入丐幫，未能利用這種機會扶植一批自己的班底。

想來十一年後襄陽城破，壓場面的黃蓉殉國，梁長老也已故去，留下大片權力真空，所有牛鬼蛇神都跳了出來，淨衣派與污衣派之爭再起。襄陽城破丐幫建制被打亂，為了掌控局面，耶律齊重新設立了傳功執法長老的位置，甚至還設立兩個龍頭分統淨污兩派，至於原來的四大長老就被架空了，成為有名無權的。這樣做一方面是開多幾個職位作為政治酬庸安插自己人，另一方面則是利用這幾個人來幫自己掌控全幫動態（十一年了，總算培養了幾個心腹），期望用幫規來統御全幫，而不是靠個人魅力或威望作為後盾，這是丐幫走向制度化組織的一個嘗試。這次南北之爭的重點是北方淨衣派丐幫的地位，這時的淨衣派其實也已經吸收了不少南方大豪，那個襄陽城借出地方讓丐幫聚會的就是南方的淨衣派。耶律齊為了報答淨衣派的支持和協助把淨衣派正式合法化，這個合法化有點類似香港警察允許CID②穿便衣，不過警察是有工資的，不敢鬧分化，丐幫成員是沒工資的還要交幫費，鬧分化就很正常了。部分不滿的污衣派拉大隊走人，後來這部分人據說到達崑崙山，並與明教發生衝突云云。耶律齊則帶著其他人南撤。

制度化的一個表現就是淨衣派的合法化。淨衣派的合法化其實也得到部分污衣派的支持，畢竟守襄陽也是要穿衣吃飯打造兵器之類的，這筆支出從哪裡來？不可能單靠兩次英雄大會的義演籌款，更多的是來自淨衣派的捐助。吃人家的嘴軟，污衣派這時的反對就顯得有那麼幾分不夠理直氣壯了。淨衣派的合法化解決了淨衣派的的名分和違規問題，使得污衣派無法以此攻擊淨衣派，使得引起爭端的問題再也不是問題。

有一點必須強調的是，此時的長老，地位雖然還是很高，但是卻由九袋變成八袋，以前是宰相，然後是六部的主事官員，現在不錯是軍機處的中堂大人，可是實際執行的權力卻沒有多少，只算顧問而已。很可惜在南撤路上丐幫遭遇北上的明教大軍，一場激戰，明教的聖火令被奪，丐幫也受到了嚴重的打擊（也有人認為耶律齊死於這場混戰，我也認為耶律齊不死也得帶點傷才合理，降龍沒學全，遇上明教教主的第三重乾坤大挪移還真有點危險）。這一戰同時埋下了日後丐幫火燒光明頂的種子。

之後的耶律齊做過什麼事就更加查無實據了，但有一點可以肯定的是十三年後郭襄開創峨嵋派，丐幫並未和峨嵋接近。這只能說那時耶律齊和郭芙已經死了一段比較長的時間，丐幫的幫主已經換了人很久。同時丐幫開始清算黃蓉把丐幫私有化的錯誤和影響，連帶着對郭襄以及峨嵋派的態度也不十分友善，否則前前前任統治丐幫近四十年的幫主的女兒開宗立派，再怎麼樣也要幫幫場子，結為盟友什麼的。但是兩者之間生疏的令人奇怪，連一點正常的交往也沒有，這只能說當時的丐幫正在大搞去黃蓉化的運動，畢竟丐幫經歷了超過三代的黃家統治，雖然不是很暴力，但真的很黃，所以去黃蓉化成為繼耶律齊位的丐幫幫主的首要工作，這一行為導致和峨嵋派交惡也是可以理解的。

註釋

① 話說岳不群　打擂用針，雖然大家當時都是用兵器的，可是也一直為人詬病，耶律齊，穿著軟猬甲，全身披針打擂台，情節比岳不群更為惡劣！！

② 刑事偵緝處（英文：Criminal Investigation Department，縮寫：CID）於1923年成立，隸屬於香港警察隊，負責刑事偵緝，由偵緝處處長領導。於1973年解散。

第廿八章　丐幫啟示錄（八之五）馮幫主　倚天

其實上史紅石並未給人忽略掉的，而是被華麗的無視掉了，最後還是給人消滅掉了。史紅石可以說是丐幫由盛轉衰的見證人或者說親歷者，當然這是建基在她能活著看到丐幫的衰落。對於史紅石的功過我們沒有任何線索，但有一點可以肯定的是打狗棒法和降龍十八掌在她之後就和丐幫絕緣了。

詩曰：

屠獅一會定名份，從此終南是路人。
無忌下臺須斬纜，元璋登極應稱臣。
降龍已失空追憶，打狗難回白絕倫。
力除內爭功掌棒，減員量大故沉淪。

屠獅會後，《倚天》第三十九回〈秘笈兵書此中藏〉丐幫成為張無忌的私人產業。黃衫女為德不卒，打狗棒法和降龍十八掌是丐幫幫主的武功，黃衫女既然要扶史紅石上位，這套打狗棒法和降龍十八掌就必須教給她。學武嘛當然是從小學起，最正當的做法是把史小孩帶回古墓授以武功，而丐幫事務仍交四巨頭料理，反正四巨頭都已經打理了這麼長時間了，幫務自史火龍起一直是讓兩龍頭兩長老合作處理的，蕭規曹隨也是合理的。黃衫女大概是因為把酒店房號告訴張無忌，怕張無忌找去時史紅石在一旁礙手礙腳，所以忙把人推給丐幫。

實際上屠獅會前史紅石暫時還是安全的，在丐幫四巨頭看來，四人都沒有一舉壓倒對方的能力，接受史紅石這個幫主也是一種平衡，同時有終南山後這個隱形boss罩著也未嘗不是件好事。屠獅會後，四巨頭成了一巨頭，掌棒的馮龍頭在此後的丐幫將擁有絕對權威和權力，不過張無忌有機會當皇帝，攀龍附鳳此其時也，所以史紅石也很安全。但命運的安排有時也挺無奈，張無忌沒有來得及摸上黃衫女的酒店房間就被下野了。這一下野不打緊，可人失蹤了就對丐幫問題大了，降龍十八掌是藏在刀劍中的武功，只此一處，別無分號。丐幫的降龍十八掌就此失傳。嗯，不是還有打狗棒法嗎？這個東西其實也失傳了。

事情是這樣的，張無忌一下野，朱元璋一當皇帝就開始秋後算帳，站錯隊的丐幫是首要的打擊對像之一。這時的丐幫有兩種可能，一種是史紅石仍在被姓馮的掌棒龍頭挾天子以令諸侯中，另一種可能是掌棒龍頭已經取代史紅石成為新幫主。如果是第一種情況，史紅石必須死，這樣丐幫才可以和張無忌劃清界線，被明政府收編。如果是第二種情況，那麼史紅石已經死亡，掌棒龍頭成為多少年來丐幫又一個內部提拔的幫主，馮幫主擺下低姿態，表示一下和張無忌勢不兩立，證據就是史紅石的死亡，同樣的丐幫也可以得到政府的認可。所以無論哪種情況史紅石在明朝建立甚至建立之前已經死亡是可以肯定的。

當然掌棒龍頭在屠獅會後能否控制局面我們不得而知。不過要是按表面證供掌棒龍頭性如烈火，似乎是個沒什麼心機的人，但是按我們在舊版中所見掌棒龍頭是污衣派的老大，如果這樣就多少有點管理能力的。新版雖無這樣的直接證據，但是《倚天》第三十一回〈刀劍齊失人云亡〉張無忌曾有評論「丐幫享名數百年，近世雖然中衰，昔日典型，究未盡去。那酒樓中的混亂模樣只是平日的情狀。看來幫中長老部勒幫眾，執法實極嚴謹。」可是按理部勒幫眾的應該是幫主啊，怎麼會成了長老呢？看來金大俠忘了修改這一句了。不過這正給我們一個掌棒龍頭有能力壓服眾人的可能理據。同時我們也看到假幫主曾想派他去說服韓山童歸附丐幫，這是出自成崑等人的主意，那麼馮幫主這個人的機變還有口才都應該有那麼上下了，否則他們斷不會派他去獻醜的。這樣一個人做幫主也算合格了——放在和平年代的話。戰亂一直是丐幫發展的契機，創幫如是，五代如是，靖康之後也如是，但條件是要有一兩個雄才大略的幫主。而掌棒龍頭望之不像有雄才大略之人，丐幫在他的帶領下雖然比交給年幼的史紅石為好，但是掌棒龍頭是出生遇上飢荒年了，首先降龍十八掌被張無忌私吞了，然後史紅石的死導致了他和終南山後的矛盾與決裂，打狗棒法也要不回來了。最慘的是還要擔心終南山後覆桌①，於是再次賣身投靠，成了少林的附庸。

話雖如此，馮幫主還是做了幾件對丐幫有用的事，第一件是真正消除淨衣派與污衣派之爭。其時全國大亂，再怎麼有錢的乞丐也得鬧窮，全體被污衣派了。但擁有絕對權力和權威的污衣派的馮幫主必定是通過什麼方法消除淨衣派生長的土壤，否則我們在笑傲中還會見到兩派之爭的，這個土壤的消除可以是暴力的也可以是非暴力的。雖然我們懷疑內爭的消除有可能以比較暴力的形式出現，導致丐幫的減員，和影響力減弱，但因為沒有直接證據，我們就不妄加猜測了。又或者他設立了機制，例如增設副幫主的職位，正副幫主分別有兩派輪流擔任，確保公平，總之兩派之爭此後未見提起（其實是兩派之爭未見金大俠再次提起），淨衣派這個建制可能被取消了。所以馮幫主在維護丐幫的團結上還是有貢獻的。

第二件是取消幫主懂得打狗棒法和降龍十八掌的硬性規定，這個其實也是為他的幫主地位進行合法化的做法。

第三件事是我估計馮幫主從少林弄到什麼武林秘笈，提高了自身的武藝，並把這套功夫作為降龍十八掌的替代品傳了下去。這套武功還是很不錯的，可以用手指在木頭上刻字，《笑傲》第二十七回〈三戰〉中解風用的就是這種武功，估計是大力金剛之類的外家剛猛功夫，看樣子但馮幫主傳下的內功也不錯，可以聽到令狐沖的呼吸。這樣的武功對保持丐幫在江湖上的地位也有很大的幫助，可以說是馮幫主對丐幫的第二大貢獻。

當然上面這些事也可能由馮幫主的繼任人完成，不過我們不知道繼任人是誰，基於疑點利益歸被提到者，我們姑且說這是馮幫主的功勞吧。

此後的丐幫日益衰落，到了清朝的《鹿鼎》第一回〈縱橫鉤黨清流禍 峭茜風期月旦評〉居然發生優秀員工吳六奇被跳槽的事，這在以前那是不可想像的是，只可惜我們不知當時的幫主是誰，否則其失人之罪會被後世丐幫子弟永遠掛在嘴邊的。接下來的范幫主更加不堪，武功差，還要投靠清廷，真是丟臉大了。

註釋

① 秋後算帳之意。

第廿九章　丐幫啟示錄（九）分裂是如何消除的？

天龍、射鵰、神鵰、倚天、笑傲

這個東西本來還想說下長老們的，但是仔細想一下其實也沒這個必要，有什麼樣的老闆就有什麼樣的員工——這個員工自然也包括作為高管的長老。像丐幫這種幫主權力大於一切的機構，討論高管是沒有用的，因為高管在重要時刻起不了大作用，所以，我決定還是省點力氣，跳過他們講點淨污兩派和低級小職員的事比較好。

詩曰：

幫中有派真奇怪，南北相爭內鬥歡。
豈是錢幫真懦弱，實因洪七假標竿。
各持己見無人管，同事誰裁長老團。
打仗守城難為繼，終需制度滅爭端。

丐幫的分裂就是污衣、淨衣兩派之爭，這件事無論是看成南北分裂還是單純的意見不合都屬於在丐幫內部的群體事件。群體者，不同工作團隊，群體在社會心理學上的定義是兩個或以上的人在一段時間內互動和相互影響，並把對方標籤為我們。

兩派的出現是個無可避免的事，那是不同的關注團體自然結合的結果。丐幫祖師爺曰：「幫內無派，千奇百怪」。可見這派系問題由來有之，端看幫主如何解決耳。丐幫的污衣、淨衣兩派之爭越鬧越大，按洪七公時代的幫史的說法那是錢幫主處事不當的結果，這個說法是很有問題的，如果錢幫主處事不當造成這一現象，那你洪七公改正過來，那兩派不就消失了嗎？怎麼這兩派還存在？這是你洪七公不肯改？沒能力改？還是改而無效？以上三個可能性不論那點都足以動搖洪七公的神聖的歷史地位，所以後世（其實是金大俠）把所有問題推給耶律齊這個倒霉蛋，隱約我還聽到有丐幫弟子說耶律齊是外族，其心必異，為了破壞丐幫故意任由兩派分裂。

我們知道任何機構都可能會出現不同的群體，這點不同工作團隊，這些群體是以各自的價值觀自由組合的，未必有工作上的聯繫。怎麼處理這些群體，一直是個大問題，幫主再怎麼能幹也沒法影響這些群體的價值觀，只能將之向好的方面引導，最好能消滅這種價值觀上的分別。《射鵰》中對這二派的介紹是——「淨衣派除身穿打滿補釘的丐服之外，平時起居與常人無異。污衣派卻是真正以行乞為生，嚴守戒律：不得行使銀錢購物，不得與外人共桌而食，不得與不會武功之人動手。兩派各持一端，爭執不休。」加入丐幫的北方大豪，以其經濟和武功成為丐幫在南方武林建立聲威的主要貢獻者，因此期望得到一些特權，並順利的進入決策圈，洪七公時期，淨衣派長老就佔了長老總算的四分之三！！這兩派一個是既得利益者，一個是原教旨主義者（沒錢沒武功還沒權只有原則可以守了），所以會出現淨衣派和一件大事分不開。這件大事就是執法長老的撤銷，沒了執法長老就沒人對違規的淨衣派施以幫規，導致問題擴大化。雖然耶律齊後來重設執法長老，但那時丐幫的法規已經被破壞，新的規章制度又允許淨衣派原來屬於違規的行為，加劇了污衣派原教旨主義的不滿和牴觸情緒，後世《倚天》的方東白反出丐幫也可能就是為了這個原因。當然事情也不是一個取消執法長老能鬧大的，最根本的原因是幫主不願受執法長老的監控，同時又不願或未能親自執法。

根據八十／二十定理，員工的頻繁離職對企業的影響是巨大的，尤其是關鍵的業績優異的核心員工離職，往往會給企業造成無法挽回的損失，淨衣派是丐幫的核心員工，必須照顧。但是這是一個十分短視的做法，這批大豪既要加入丐幫享受丐幫在江湖上的待遇，又不肯遵守丐幫的法律，這是既要當婊子又要立貞節牌坊了。而中下層弟子卻是污衣派佔了大多數，他們則必須遵守丐幫嚴格的法律。群體衝突一般不會因為非理性或微不足道的小事而發生，而是由於組織協調不同群體的工作和在這些群體間分配獎賞的方法造成的。淨衣派違規而不用受罰，賞罰不公導致底層的窮要飯聯合起來組成污衣派相抗衡，當然我們不排除同時還有一些污衣派的人削尖腦袋往淨衣派的圈裡鑽，企圖混點特權。

到了《倚天》，兩派依然存在，舊版兩派分由兩龍頭統領，而比例竟然是五五之比，丐幫射鵰時期就有數十萬人，如果是五五開，丐幫的非乞丐人數就有十幾萬了，當時全大宋的武林人士才多少？那就不成丐幫了，而是實際上的武林盟主了，好在金大俠後來改掉了。淨衣派雖然還存在，但是已經低調了很多，提到的就是盧龍鎮上那個土財主而已，決策圈基本已經沒有淨衣派的存在了，這一發展也基本符合歷史規律。按這個事實看是耶律齊基本解決了兩派的爭端，則張無忌知道他的威名也是可以接受的。

對於這分派問題的處理黃蓉算是比較成功的一個。黃蓉這個忽悠女皇把丐幫全體忽悠到襄陽城下當炮灰，既用民族大義淡化矛盾，又給自己和郭靖製造個人聲望，可以說是一舉兩得。可是問題解決了沒有？巴士阿叔說：「未解決，未解決！」①

要知道這種守城的事乃是特殊事件，並不會經常發生，城破國滅之後，上哪裡去找另一個共同敵人。耶律齊倒是找來了明教，但是他的忽悠能力不如黃蓉，又或者經歷黃蓉，丐幫成員的抗忽悠指數大幅上升，所以未能解決問題。怎麼說人家明教也是抗元先鋒，和你丐幫多少是同路人，後來明教被目為邪魔，主要還是謝遜的功勞。謝遜出現之前，攻打明教的號召力和凝聚力實在不足以抵消兩派分歧。所以耶律齊試圖透過重新設立執法長老來規範兩派行為，讓他們在分歧下合作。

解決群體衝突的策略很多，第一類策略是衝突迴避——根本不讓衝突公開。這是洪七公的做法。第二類策略則是注意平息、緩和——使衝突中止並對牽涉各方的感情降溫。黃蓉和魯有腳把幫眾忽悠去守襄陽，不用守襄陽的時候則帶著眾人打怪升級，去欺負沒有領導的鐵掌幫，把小怪當Boss打，這是轉化矛盾，和淡化矛盾有異曲同工之妙。可憐的鐵掌幫。採用迴避和平息策略對丐幫兩派的原則性衝突是沒有用的。另外兩個策略是依靠包容，和衝突對抗——公開討論所有衝突問題並努力尋找一種雙方滿意的解決方法。最後一種方式對污衣派是不合理的，都是些窮苦出身的，要知識沒知識，要武功沒武功，怎麼說得過那些個大豪們？所以我們認為耶律齊是依靠包容這一策略完美的解決問題的。當然裡面有黃魯的貢獻，守襄陽和打怪已經有足夠機會讓大量的死硬派正常和非正常死亡，為以後耶律齊融合兩派掃清障礙。事實上耶律齊的可能做法應該是鼓勵甚至要求淨衣派遵行污衣派奉行的戒律，同時也容許污衣派輕度「違規」，這樣就能慢慢拉近兩派的距離和分歧。經過一番努力耶律齊領導下的丐幫基本成功消化宋室南渡後加入丐幫的大豪。

不論執法長老是在耶律齊時期還是之後重新設立的，丐幫的分派都很有問題的，一個所謂的第一大幫，不可能原教旨主義的污衣派守一套法律，淨衣派又守一套法律，所以我們認為在丐幫的律法問題上兩派已經取得共識，建立了一套共同遵守的標準。這點應該是耶律齊的重要貢獻。但是《倚天》第三十三回〈簫長琴短衣流黃〉又提到了史火龍當幫主將丐幫幫務交與傳功、執法二長老，掌棒、掌缽二龍頭共同處理。但二長老、二龍頭不相統屬，各管各的，幫中污衣淨衣兩派又積不相能，以致偌大一個丐幫漸趨式微。這個問題只能歸各於史火龍的不作為，而期望幫主有作為並抵制丐幫的再分化的方東白又受到排擠，最後叛逃。不過後來的馮幫主掌權之後，由於大部分的高管——掌缽龍頭，傳功、執法二長老的死亡，造成他的絕對權威，這位舊版中的污衣派首領對淨衣派進行了清洗，終於一統丐幫天下，消除了內爭。我們懷疑內爭的消除有可能以比較暴力的形式出現，導致丐幫的減員，和影響力減弱，並逐步走向衰落。

註釋

① 巴士阿叔事件發生於二零零六年四月二十七日，在香港的一輛巴士上發生的罵戰，過程被旁觀乘客拍攝後上傳到網路上，片中罵人的詞語「你有壓力、我有壓力」、「未解決」等，成為香港一時新興的流行用語。

第三十章 丐幫啟示錄（十）總結

我們的分析，發現有人的地方就有爭鬥，就可以陰謀，即使是高度集權的丐幫也會發生權位的爭奪和競爭，上至幫主，下到觀察員身份都有人爭。你道武敦儒、耶律燕夫婦和武修文、完顏萍夫婦幫著耶律齊搞英雄宴為什麼？為的還不是這個觀察員的身份，後來這兩兄弟不也上台爭幫主之位了嗎？

看看丐幫的發展史，我們發現丐幫由開始的一盤散沙逐步走向制度化，但是在經歷了喬峰事件之後，監管組織——大企業中的響警報者（whistle blower中文翻譯什麼告密者和吹口哨者，我覺得都文不及義，不知有無更好的說法）——長老團受到鉗制之後，丐幫就開始分崩離析，作為稽查的執法長老也被撤銷。雖然有洪七公等人努力維繫，可是分離主義一直存在，成了丐幫的不穩定因素，這個問題到耶律齊時代或不久才勉強解決。幫主有絕對的權力並不足以維持丐幫在江湖上的地位，但是後來繼任的幫主偏偏以幫主權力太少作為問題的根源，最後幫主權力越來越大，並且丐幫的影響力則同比收縮，幫主的私生子名正言順的加入管理層，公器私用，令有能力者卻步，甚至跳槽。丐幫的沒落可以說是從限制長老團起就注定的了。

詩曰：

乞丐成幫實散沙，喬峰下野賴巡查。
傳功執法全裁撤，賞罰重權一手抓。
埋首經營多詬病，縱情玩樂有人誇。
劍通兩者皆稱霸，餘子無非井底蛙。

同時撤銷執法長老後由幫主親自執法缺乏獨立性，不受認可，後世幫主如洪七公者就拒絕執法，取締淨衣派的違規行為，導致內耗嚴重。（其實洪七公根本就是不幹活。）本來每逢戰亂都是丐幫發展的大好時機——乞丐人數大量增加，但是元滅南宋，我們沒有看到丐幫聲勢的增強，而是跟在六大派後面，還帶了一幫蝦兵蟹將去光明頂摳着數，結果鬧個「灰頭灰臉」——讓火燒灰的。這是什麼原因，這是內耗過度，虛不受補啊。

如果仔細看下歷任幫主，我們會發現他們大體分兩類，一類是注重與員工的關係（交際能力比較強），另一類則是注重工作的效績（工作能力比較好）。

喬峰是典型的注重人事關係者，平時只懂得路易十三，不知道還有正經工作要幹；而錢幫主則是非常注重工作績效，和員工沒打好關係，後來成為指責對象，可以說是兩個極端。

洪七公不大管事，閒來換換衣服以示公平，屬於關注人事關係的，但也會向有功者教授武功，那也是一種對工作的效績的關注；黃蓉和丐幫的員工似乎沒什麼交往，但從掌握幫內勞簿內容來看，對工作成績還是很在意的。

魯有腳根本沒什麼機會發揮，只能注重黃蓉安排的工作，做個項目經理。耶律齊是兩邊都關注不了，試圖將丐幫制度化，用制度取代領導的作用，所以在這二方面都沒有表現，這是一個不應擺在這張圖的人，他的出現只是提醒我們他的曾經存在而已。

馮幫主在污衣派中應該很有威望，所以我們假設他對人事關係和工作同樣注重，由於那是他當幫主之前的事，因此雖然我們把他擺在中間，但因為太過假設性，所以這並不代表任何意義。

史火龍生病後就躲了起來，只能聽聽工作報告，根本不會和幫眾接觸，所以只能被迫注重工作問題。

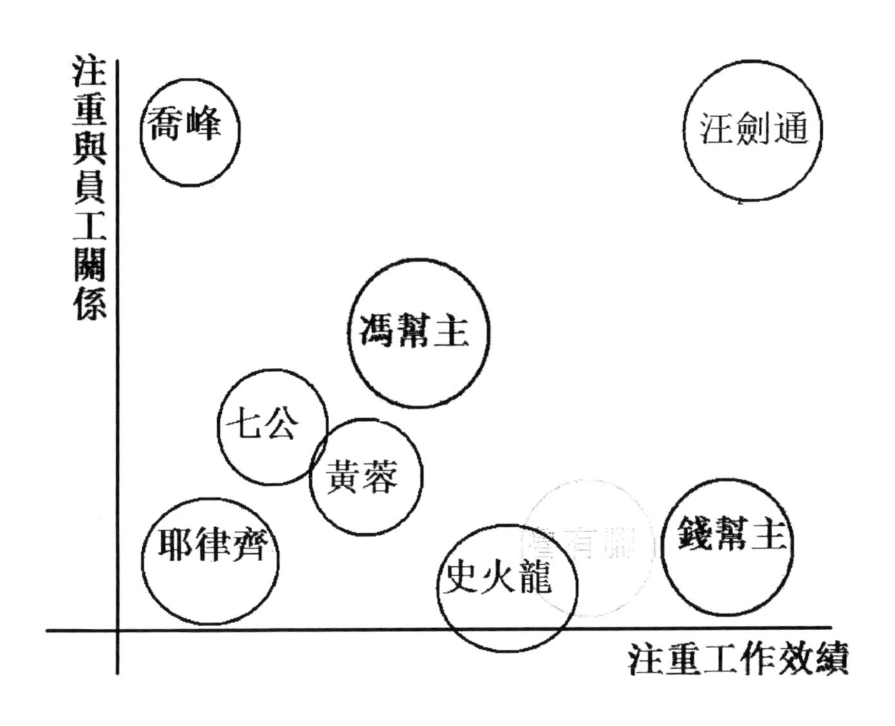
注重與員工關係
喬峰
汪劍通
馮幫主
七公
黃蓉
耶律齊
史火龍
錢幫主
注重工作效績

汪劍通死後若干年，仍受幫眾尊重，可見和員工關係不錯，同時丐幫在他領導下有驚無險，順利過渡給喬峰，這又令我們認為他對工作也同樣注重。

這麼一個根據行為主義分類的圖，其意義是按密歇根大學的研究結果注重人事的領導比注重工作效績的領導更能令員工滿意，員工生產力也較高。從這一層面講汪喬都是不錯的領導。不過按布萊克的管理方格理論（Managerial Grid Theory）喬峰型的管理者只適合管理鄉村俱樂部這種鬆散組織，而錢幫主將以獨裁者的身份出現，只有汪劍通能稱為一個好的領導者。看來我們之前說他是最偉大的丐幫幫主，按這個理論看，倒也沒有說錯。

耶律齊對丐幫進行了改造，開創了丐幫制度化的局面，同時他還使高管分工更明確更細緻，為此，兩個龍頭（中策組正副組長）被確認為幫主之下的主要負責人，領導其下的長老團。這加長了決策時間，但同時也使幫主的決定有更大的群眾基礎，對處理內部矛盾起到很大的作用。史火龍是丐幫制度化後第一個受益的幫主，到了他的時代，制度化已經上了軌道，全幫的運作基本已經實現自動化，即使幫主不在或缺位也能運轉自如，所以他可以假借有病躲到行宮大享清福。只可惜的是制度化來的太慢，所以錯過宋元交接的發展時機，而成崑的出現又令丐幫和元明之交的機遇失之交臂。但畢竟制度化還是給丐幫帶來好處和發展。

在檢討過元明之交的失敗後，解風或其前任設立副幫主，並為私生子開設訂製的職位，解風死後，丐幫分成左（青蓮使者）派和右（白蓮使者）派，爆發一場重大的內爭，取得勝利的左青蓮使者，把這稱為反右派鬥爭，嚴重削弱丐幫的江湖地位和實力。後來新幫主（左青蓮使者）武功十分低劣，管理能力也差，造成的影響是為了保護幫主，丐幫設立東西南北中五方護法作為幫主的私人保鏢。由於武功低，俠客島請客的時候連想都沒有想過他們。但江湖也有傳言，丐幫其實是被俠客島併購，俠客島利用丐幫資源刺探中原各門派消息——俠客島是新冒頭的企業，似乎沒有可能有一批一早潛伏在各派的人員為他們效力，提供賞善罰惡簿上的資料，如果這批潛伏人員真的是來自俠客島本身，那俠客島的背後必然還有一只看不見的巨手——政府——當朝為了控制武人，製造了這麼一個俠客猜想。

丐幫的衰落，直到明清之際才略有起色，成為和天地會並肩作戰的黑暗市場主導力量之一，也就是我們所說的黑社會，但此後丐幫為了洗白和圈錢公開上市，被迫分拆業務，以規避壟斷法的限制，形成各個大大小小的團體，稱興漢丐幫、興唐丐幫、興宋丐幫等等等等。

Ref：

Blake, R. R. & Mouton, J. S. (1985). The Managerial Grid III: The Key to Leadership Excellence.